Scrum-Training

Kai H. Simons ist einer der erfolgreichsten Scrum-Trainer im deutschsprachigen Raum. Seit 2007 trainierte er über 1.700 Menschen in dem beliebten agilen Rahmenwerk Scrum. Seine Art, agile Methoden zu vermitteln, zielt klar auf die Selbstverantwortung ab, die Menschen brauchen, um erfolgreich Agilität zu leben. Dieses Buch enthält die Essenz seiner Arbeit als Certified Enterprise Coach® und Certified Scrum Trainer®, wie man Agilität spürbar vermittelt.

Jasmine Simons-Zahno setzt sich als Agile Coach leidenschaftlich für die menschliche Seite der Produktentwicklung ein. Ihr Master-Studium in Organisationspsychologie qualifiziert sie auf einzigartige Weise für die Auseinandersetzung mit den Hindernissen und Widerständen, die entstehen, wenn das agile Paradigma mit traditionellen Organisationsstrukturen kollidiert. Als Certified Scrum Professional® hat sie es sich zum Ziel gesetzt, Unternehmen dabei zu unterstützen, produktive und motivierende Umgebungen zu schaffen, die Mitarbeitende ermutigen und inspirieren, ihre beste Arbeit mit Freude zu leisten.

Kai H. Simons · Jasmine Simons-Zahno

Scrum-Training

Der Praxisleitfaden für Agile Coaches

dpunkt.verlag

Kai H. Simons
kai.simons@agilegrowth.de

Jasmine Simons-Zahno
jasmine.simons@agilegrowth.de

Lektorat: Christa Preisendanz
Lektoratsassistenz: Anja Weimer
Copy-Editing: Ursula Zimpfer, Herrenberg
Satz & Layout: Birgit Bäuerlein
Herstellung: Stefanie Weidner, Frank Heidt
Umschlaggestaltung: Helmut Kraus, *www.exclam.de*
Druck und Bindung: mediaprint solutions GmbH, 33100 Paderborn

Bibliografische Information der Deutschen Nationalbibliothek
Die Deutsche Nationalbibliothek verzeichnet diese Publikation in der Deutschen Nationalbibliografie; detaillierte bibliografische Daten sind im Internet über *http://dnb.d-nb.de* abrufbar.

ISBN:
Print 978-3-86490-839-2
PDF 978-3-96910-334-0
ePub 978-3-96910-335-7
mobi 978-3-96910-336-4

1. Auflage 2021

Wieblinger Weg 17
69123 Heidelberg

Hinweis:
Dieses Buch wurde auf PEFC-zertifiziertem Papier aus nachhaltiger Waldwirtschaft gedruckt. Der Umwelt zuliebe verzichten wir zusätzlich auf die Einschweißfolie.

PEFC zertifiziert
Das Papier für dieses Buch stammt aus nachhaltig bewirtschafteten Wäldern und kontrollierten Quellen.
PEFC/04-31-0810 www.pefc.de

Schreiben Sie uns:
Falls Sie Anregungen, Wünsche und Kommentare haben, lassen Sie es uns wissen: *hallo@dpunkt.de*.

5 4 3 2 1 0

Für Mira und Aliya

Geleitwort von Jutta Eckstein

Nicht viele, die mich kennen, kennen auch mein Geheimnis, von dem ich in meinem Berufsleben profitiere: Mein Geheimnis ist, dass ich vor meinem Ingenieurstudium, d. h. in meinem »früheren Leben«, ein Studium auf Lehramt abgeschlossen habe und von daher auf meine pädagogisch-didaktische Ausbildung zurückgreifen kann.[1] Ganz im Gegensatz zu vielen meiner Kolleg:innen. Üblicherweise wird im Berufsleben von nahezu allen früher oder später gefordert, sich – eben ohne entsprechende Ausbildung – als Trainer:in zu engagieren. Manchmal handelt es sich dabei nur um kurze Sessions, bei denen man einem Kollegen oder einer Kollegin etwas erklärt, manchmal sind es angesetzte Meetings, um einer größeren Gruppe die Details einer Funktionalität näherzubringen, und wieder zu anderen Zeiten werden daraus Schulungen, die auch als solche bezeichnet werden. Fast immer gilt dabei, dass der oder die Lehrende Spezialist:in des Fachgebiets ist und dass er oder sie (leider) keinerlei Ausbildung darin hat, wie man Dinge vermittelt. Das heißt, man geht meist davon aus, dass alle irgendwoher wissen, wie man Wissen weitergibt. Dies ist jedoch beileibe nicht der Fall. Das ist auch der Grund, warum es manchmal schwerer und manchmal leichter fällt, dargebotenes Wissen zu verstehen und zu verinnerlichen.

Darüber hinaus werden – sowohl interne als auch externe – Mitarbeiter:innen generell und ganz im Speziellen Coaches zunehmend gefordert, agil agieren zu können, um schnell mit Veränderungen umgehen zu können. Das heißt, gefordert wird eine Offenheit für lebenslanges Lernen. Dieses lebenslange Lernen erfordert aber auch ein lebenslanges Lehren.

1. Nur für das Protokoll: Nach meinem erstem Studienabschluss auf Lehramt, folgte der Abschluss zum Dipl.-Ingenieur und vor nicht allzu langer Zeit noch ein M.A. in Business Coaching & Change Management. Lernen ist mein Hobby …

Vor diesem Hintergrund kann ich die Wichtigkeit des vorliegenden Buchs von Jasmine und Kai nicht hoch genug einschätzen. Ich bin mir sicher, für viele wird das Buch ein regelmäßiger Begleiter sein, um als Trainer:in ständig besser zu werden.

Die Offenheit, der Mut und der Fokus auf die Werte von Jasmine und Kai als Trainer:in und Autor:in ist beispielhaft und ansteckend. Sie zeigen nicht nur auf, wie man Scrum mittels Scrum vermitteln kann und damit direkt einen Erlebnisraum aufspannt, sondern greifen auch auf essenzielle pädagogische Muster zurück.[2] Dazu gehören beispielsweise:

- **See before Hear**
  Da ein Vorgehen, bei dem man zuerst hört und dann erst sieht, recht abstrakt ist, verhindert dieses Vorgehen oft, dass die Lernenden später tatsächlich von den Konzepten Gebrauch machen. Aus diesem Grund sollte man den Lernenden die Möglichkeit geben, zunächst das Konzept zu sehen, bevor die Erklärung erfolgt.

- **Own Words**
  Auch wenn Lernende oft in der Lage dazu sind, Definitionen oder Konzepte u.Ä. verbal wiederzugeben, bedeutet dies nicht automatisch, dass sie diese auch verstanden haben. Aus diesem Grund lade die Lernenden dazu ein, die Schlüsselideen mit den eigenen Worten auszudrücken. Drücken sich Lernende mit ihren eigenen Worten aus, fällt es leichter zu beurteilen, inwiefern die Konzepte wirklich verstanden wurden.

- **Explore for Yourself**
  Häufig schrecken Lernende davor zurück, Selbstverantwortung für den eigenen Lernprozess zu übernehmen. Aus diesem Grund biete Lernenden an, Themen eigenständig zu erarbeiten und diese anschließend zu präsentieren.

2. Pedagogical Patterns Editorial Board: Pedagogical Patterns: Advice for Educators. Joseph Bergin Software Tools, 2012, S. 46, 87, 107.

Jasmine und Kai machen mit der Verwendung dieser pädagogischen Muster deutlich, wie sich der Lerneffekt bei den Lernenden auch darüber verbessern kann, indem man ihnen ermöglicht, selbstverantwortlich zu lernen, und sich nicht darauf verlässt, dass »vorgekautes« Wissen automatisch in die Köpfe einsickert. Wie im sogenannten »Adult Learning« weisen die beiden den Lernteams nicht einfach Aufgaben zu, sondern sie stellen ihnen Aufgaben, die das eigenständige Lernen und damit auch die persönliche Entwicklung einfordern. Sie unterstützen dadurch die Auseinandersetzung über Werte und Überzeugungen in der Lerngruppe.

> »In der Theorie des Konstruktivismus wird erklärt, dass es nicht möglich ist, diese Art von Wissen von einer Person auf eine andere zu übertragen, da dieses Wissen von jeder Person auf Basis der eigenen Wahrnehmung wieder neu konstruiert wird. Dieses transformative Lernen folgt üblicherweise auf eine Phase des Chaos. [...] Normalerweise ermöglicht dies einer Person, eine breitere Perspektive einzunehmen und so ihre Beziehung zu anderen Menschen grundlegend zu verändern. Transformatives Lernen ist also in der Regel nicht kontinuierlich, sondern zeigt sich in plötzlichen großen Entwicklungsschritten. Eine transformative Führungsperson hilft seinen Mitarbeitenden periodisch, oft durch Reflexion, beim Erlangen von grundlegend neuen persönlichen Fähigkeiten.«[3]

Folglich haben auch auf den ersten Blick Nebensächlichkeiten wie eine lange Mittagspause oder die Lernruhezeit einer Nacht zwischen zwei Schulungstagen eine große Bedeutung, vergrößern sie doch den Lernraum, da gerade diese Pausen zur Reflexion einladen.

Jasmine und Kai erläutern dies nicht mittels grauer Theorie[4], sondern anhand ihrer Praxis und machen so ihr eigenes Erleben nachvollziehbar und nach-erlebbar. Für die einfache Übertragung des Trainings in die Praxis liegt der Fokus unter anderem auch auf der organisatorischen, methodischen, persönlichen sowie der inhaltlichen Vorbereitung für eine:n Trainer:in. Darüber hinaus laden die oft ergänzenden Verweise auf die Website von Agile Growth dazu ein, anhand von sehr konkreten Beispielen tiefergehend in die Materie einzusteigen und immer auf dem aktuellen Stand des Buchinhalts zu bleiben.

---

3. Jutta Eckstein & John Buck: Unternehmensweite Agilität: Wie Sie Ihr Unternehmen mit den Werten und Prinzipien von Beyond Budgeting, Open Space, Soziokratie und Agilität fit für die Zukunft machen. Vahlen, 2020, S.84–85.
4. Im Gegensatz zu mir in diesem Geleitwort 😉

Jasmine und Kai ist es mit diesem Buch gelungen, einen sehr praktischen Einstieg in Scrum-Trainings zu geben, der weniger auf den inhaltlichen Aspekt von Scrum abzielt, sondern vielmehr effektive Methoden der Vermittlung aufgreift und die direkte Anwendbarkeit ermöglicht. Mit vielen Beispielen bleiben die beiden dabei immer praxisnah, sodass man motiviert wird, sofort loszulegen. Ganz nach der Empfehlung von William Butler Yeats:

> »In einer Schulung geht es nicht um das Füllen eines Eimers,
> sondern um das Anzünden eines Feuers.«

Jutta Eckstein
Autorin von u.a.
»Agile Softwareentwicklung in großen Projekten«,
»Agile Softwareentwicklung mit verteilten Teams« und
»Unternehmensweite Agilität (kurz BOSSA nova)«

Geleitwort von Andreas Schliep

»Bewerbe dich doch als Scrum Trainer!« Diese Aufforderung von meinem Mentor Boris Gloger bildete vor etwa 15 Jahren den Auslöser meiner Reise zum Certified Scrum Trainer der Scrum Alliance. Ich erwiderte damals, dass ich keine Lust hätte, den Leuten immer wieder das Gleiche zu erzählen. Denn das war meine Sicht auf Schulungen: den Leuten immer wieder das Gleiche zu erzählen. Heute sehe ich das anders. Inzwischen habe ich sehr viel über Training, Menschen, über mich selbst gelernt. Das meiste durch Erfahrung. »Du hast es in dir!« Eine initiale Motivation, die mir vor 15 Jahren weitergeholfen hat – und auch jetzt noch weiterhilft. Um als Trainer erfolgreich zu sein, braucht man »es«, da würden die meisten Menschen sicherlich zustimmen. Doch was ist »es«? Ich bin meinen Weg als Trainer mit Intuition, Empathie und Spontaneität gegangen. Ich habe dabei mit der Zeit gelernt, den ganzen Ideen, Konzepten und Praktiken auch einen roten Faden zu verleihen. Als Trainer in meinen Kursen, als Sparringspartner und Mentor für andere, bin ich sehr stark von meinem Gefühl für Wirkung ausgegangen. Immerhin hatte mir Boris das Geschenk gemacht, Trainings auf Erfahrungen und Emotionen aufzubauen, nicht auf Folien und Plänen.

Die Grundwerte von Lean gelten aber auch für Scrum: »Respektiere Menschen« und »Kontinuierliche Verbesserung« zählen neben den Scrum-Werten zu den Leitplanken meines Lebens. Deshalb war ich schon seit der ersten Begegnung mit Kai Simons von seiner Strukturiertheit und Zielstrebigkeit fasziniert. Ich hatte gemerkt, dass er »es« auch in sich hatte – und »es« auch noch mit dem Streben nach Perfektion, der Einbindung von psychologischen Hintergründen und modernen Schulungsstrategien verknüpfen konnte. Frei nach Deming: Es kommt nicht nur darauf an, das Richtige zu tun, sondern es auch auf die richtige Art und Weise anzugehen. Die komplexen Themen, die wir als agile und Scrum-Trainer vermitteln, erfordern besonderes Fingerspitzengefühl. Zum großen Teil müssen wir ein regelrechtes Marketing für die Ideen und Erkenntnisse innerhalb unseres Kurses durchführen. Haben wir das Problem unserer Teilnehmer:innen erkannt? Bieten wir ihnen eine akzeptable Lösung? Ist diese Lösung für sie auch machbar? Sind Aufwand und Schmerzen vertretbar? Die Produktgestaltung eines agilen Kurses hört nicht vor der Tür des Schulungsraums auf. Das hat Kai besonders gut verstanden und in der Integration unserer Kursansätze und seiner Vermittlungsmethoden zur Meisterschaft gebracht. Konsequenterweise bedeutet das auch, diese Vermittlungsfähigkeit an andere weitergeben zu wollen.

Jasmine Zahno, inzwischen Jasmine Simons-Zahno, kenne ich auch schon fast so lange wie Kai. Jasmine bringt ihr psychologisches Fundament in ihre Arbeit mit Scrum, bei der Ausbildung und dem Coaching von Menschen ein. Viele selbst proklamierte »Agile Coaches« können Psychologie gerade mal buchstabieren oder setzen ihr Weltbild durch eine Ansammlung von populärwissenschaftlichen Artikeln, Büchern und Websites zusammen. Echte – dafür grundlegend ausgebildete – Expert:innen für die Arbeit mit Menschen, die gleichzeitig einen Draht zu den Entwickler:innen finden können, sind in unserer Szene eher selten. Auch ich zähle zu den Menschen, die aus einem technischen Hintergrund kommen und sich die »menschlichen« Themen erst aneignen mussten. Von Jasmine habe ich zum Beispiel viel über den Unterschied zwischen Wohlbefinden – Harmonie, Komfort – und Wohlsein – Integrität, Resilienz – gelernt. Jasmines Schwerpunkt ist nicht ohne Grund die psychologische Sicherheit. Für sie beginnen diese Fragestellungen schon weit vor dem Kurs: Wie können wir eine Umgebung gestalten, in der Lernen und Kreativität gefördert werden? Wie nehme ich die Gruppe wahr? Wie gehe ich mit Spannungen und Verletzungen um, ohne ins Therapeutische abzudriften?

Jasmine und Kai zusammen sind nicht nur Lebens- und Ehepartner, Eltern und gute Freunde. Sie ergänzen sich auch fachlich wunderbar. Ein Beispiel ist ihr erfolgreicher »Agile Growth Podcast«, der agile Themen mit einer persönlichen Note verknüpft und so auch Menschen zugänglich macht, die nicht tief in der agilen Entwicklung verwurzelt sind. Dieses Buchprojekt ist ein weiteres Beispiel ihrer unvergleichlichen Chemie, der Synthese von unterschiedlicher und kontinuierlicher Integration – kleiner Scherz unter Entwickler:innen – von Ideen, Konzepten und Praktiken. Auf den Bereich des Trainings angewendet, vermittelt dieses Buch die Begeisterung für das Thema und die Meisterschaft in den Methoden. Denn die agilen Werte und Prinzipien verbunden mit kompetenter Didaktik und dem richtigen Draht zu den Menschen – das ist es, was einen großartigen Trainer, eine großartige Trainerin in unserem Feld ausmacht.

Es gibt schon etliche hervorragende Bücher über Scrum, über das Coaching von agilen Teams, über wirkungsvolle Moderation, ja auch über Trainings im Allgemeinen. Was aber noch fehlte, ist ein Leitfaden, eine Orientierung für all die Scrum Master und Agile Coaches, die nicht an ihrem jetzigen Entwicklungsstand stehen bleiben möchten. Agile Methoden und Scrum kann man Menschen nicht einfach beibringen, man muss sie dafür begeistern. Was ist das Geheimnis? Wie funktioniert das genau? Um das herauszufinden, ist man mit diesem Buch schon einen gehörigen Schritt weiter. Ich würde allen Lesenden empfehlen, nicht gleich zu den praktischen Leitfäden zu springen, sondern etwas Zeit und Aufmerksamkeit auf die Haltung des Trainers oder der Trainerin zu richten. Alleine dieses Kapitel birgt schon unschätzbare Unterstützung bei der Gestaltung und erfolgreichen Durchführung von Kursen. Auch wenn bei mir mal ein Training in Schieflage geraten ist, hat mich meine konsequent ausgerichtete Haltung wieder auf Kurs gebracht, mir geholfen, den bestmöglichen Kurs für meine Teilnehmer:innen und mich zu gestalten. Das alles lernt man aus Erfahrung. Ich wünschte mir allerdings, ich hätte ein solches Buch schon zu Beginn meiner Entwicklung als Trainer gehabt.

Andreas Schliep,
Bremerhaven, März 2021

Inhaltsübersicht

Inhaltsverzeichnis

1 Einleitung

Liebe Leserin und lieber Leser,

für ein Fachbuch beginnen wir jetzt sehr persönlich. Du wirst in diesem Buch neben konkreten Ideen, Werkzeugen und Methoden insgesamt viel über uns, Jasmine und Kai, erfahren – und das ist auch gut so. Denn man spürt ein Konzept am besten aus dem Blickwinkel derer, die es leben. Wir experimentieren seit Jahren mit Agilität im Alltag, in unserem Elternsein, ja sogar in unserer Beziehung und (eben auch) im Berufsleben. Agilität ist nicht die Lösung für alles, aber oft ein guter Kompass.

Wir brennen dafür, das Miteinander und damit auch die Arbeitswelt menschlicher und besser zu machen und genau das auch in unseren Seminaren vermitteln zu können.

Dieser Weg war auf so vielen Ebenen ein wichtiger Schlüssel für uns als Agile Coaches, dass wir dieses Wissen nun einfach mit dir teilen müssen. Aber lass uns kurz in die Vergangenheit schauen, wie es eigentlich dazu kam:

> Es war im Frühjahr 2014, als ich ziemlich ausgebrannt die Koffer packte und mit meiner damaligen Freundin nach Neuseeland fuhr.[1] Über sieben Jahre war ich zu dem Zeitpunkt bereits als freiberuflicher Agile Coach und Interim Scrum Master unterwegs. Ich hatte Dutzende Teams und Unternehmen gesehen, in den unterschiedlichsten Branchen, mit den unterschiedlichsten Menschen. Doch irgendwie fühlte ich mich leer. Der Aufwand, als Selbstständiger Aufträge zu akquirieren, in digitale Sichtbarkeit zu investieren und Tage gegen Tagessätze zu tauschen, war aus der Balance gekommen.

1. Spannenderweise war zur gleichen Zeit Jasmine auch dort, auch wenn ich sie erst Jahre später auf einer agilen Konferenz kennenlernen sollte.

Ich begab mich auf eine Art Suche: **Wie könnte es gehen, in der Arbeitswelt positive Veränderung zu bewirken, ohne dabei Schritt für Schritt auszubrennen?** Was wäre ich auch für ein Beispiel für eine Kultur von »New Work«, wenn ich selbst keine nachhaltige Version derselben leben würde? Kann man wirklich ausbrennen, wenn man »sustainable pace«[2] lebt?

Ich stieß bei meiner Suche auf eine Handvoll Menschen, die irgendwie glücklicher schienen, irgendwie ausgeglichener, irgendwie erfolgreicher. Sie hatten mehr Zeit für Kreatives und weniger Zwang zur Akquise. Sie hatten mehr Sichtbarkeit am Markt und andere finanzielle Möglichkeiten. Sie hatten Familien und Zeit für diese. Trotzdem waren sie ebenfalls im gleichen agilen Markt unterwegs – teils unternehmerisch, teils als Berater angestellt. Irgendwas machte ich wohl falsch.

Ich musste einfach tiefer verstehen, wie genau diese Menschen handelten. Sie traten als Coaches, Trainer und Berater auf und machten doch vieles anders als ich, der täglich irgendwo in Deutschland oder der Schweiz als Coach arbeitete, teils bei zwei unterschiedlichen Kunden in der Woche. Langsam, aber sicher ging der Spaß an der Sache verloren und wenn ich es mir eingestand, fing ich auch an, den Sinn zu hinterfragen. Und ich war doch genau für dieses Ziel angetreten: für Sinn und Spaß bei der Arbeit!

In Neuseeland begriff ich wie nie zuvor, wie groß meine Liebe zur Freiheit eigentlich ist. Bei meinem Wertequartett wäre das wohl »mein Supertrumpf«, die Karte, die alles sticht. Umso mehr ich mit ein wenig Abstand mein Berater-Hamsterrad wahrnahm, in dem ich mich seit Jahren zerrieb, desto mehr wusste ich: So geht es nicht weiter.

Doch das Schicksal hatte ein nettes Ass im Ärmel. Ich fand eine neue berufliche Heimat in der kleinen Schweizer Unternehmensberatung DasScrumTeam, die von Menschen geführt wurde, die auf ihrem Weg weiter als ich waren. Während der kommenden fünf Jahre lernte ich dort, dass ein großer Schlüssel zur Freiheit als Agile Coach in der Kraft hervorragender Trainings liegt: Scrum-Seminare sind nicht nur inhaltlich und menschlich hochinteressant, sie sind auch der ideale Ort, um neue Aufträge zu akquirieren. Durch die Bindungen, die bereits in einem Seminar entstehen, und das gemeinsame Wissensgebäude macht eine Fortführung im Kontext des eigenen Unternehmens häufig Sinn. Dabei fällt es sowohl

2. Dies ist eine Anspielung auf eines der agilen Prinzipien des Agilen Manifests. Mehr darüber erfährst du in unserer Podcast-Folge #003: »Alles muss agil sein? Über Missverständnisse zum ›Unwort des Jahres‹« unter *agilegrowth.de/alles-agil*.

leichter, durch das gemeinsam Erlebte anzuknüpfen wie auch Pläne für ein besseres Morgen in der Organisation oder Abteilung zu schmieden. Die Frage »Bietet ihr auch Coaching an?« hörte ich oft in meinen Kursen.

Darüber hinaus erwirtschaftet ein gut besuchtes Training den gleichen Umsatz, den sonst viele Tage Coaching bedeuten. Das ist vielleicht an sich nicht so spannend, aber die Möglichkeiten, die in dieser Dimension liegen, sind wundervoll. Über Jahre hatte ich dadurch einen Kalender, der abseits der Seminare nachmittags ab 14 Uhr den Kindern gewidmet war. Unsere große Tochter kam mit dem städtischen Hort nicht zurecht und so konnte ich neben meinem Job gut abfedern, was sie in dieser Zeit brauchte. Und auch unsere Dreijährige ließen wir nur mit schlechtem Gewissen lange im Kindergarten, denn wir sahen, wie sehr sie durch unsere Nähe aufblühte.

Nun, das alles war für uns persönlich sehr angenehm – doch in diesem Buch geht es um dich. Wo stehst du gerade? Wie empfindest du deine Wirkung auf die Arbeitswelt? Was sind deine aufgeschobenen Träume? Was nagt seit Jahren an dir und sollte längst passieren?

Für uns war es in den letzten Jahren beispielsweise wichtig, die verschiedenen Achsen des Lebens integrieren zu können: Podcasten, Bloggen, Sport, Familien- und Paarzeit, musizieren, Freundschaften. All diese Dinge bereichern unser Leben auf wundervolle Art und Weise. Die Entscheidung, unser Coaching durch Seminare zu bereichern, hat dabei sehr geholfen. Was ist es bei dir? Was fehlt?

Wir zeigen dir in diesem Buch unsere konkreten Schritte, um die eigene Wirkung durch die Kunst herausragender Scrum-Seminare so zu verstärken, dass mehr Menschen von deiner Arbeit profitieren und du auf diese Weise mehr von der Freiheit findest, die du dir wünschst.

Du magst dich vielleicht fragen, weshalb wir dir all dieses Wissen so freigiebig anvertrauen. Nun, das hat gleich mehrere Gründe.

Mit diesem Buch suchen wir Verbündete auf unserer Reise, die Arbeitswelt menschlicher zu machen. Scrum und Agilität sind dafür ein starker Katalysator. Aber die Arbeitswelt von heute ächzt. Wir erleben immer mehr Menschen, die unzufrieden und unglücklich an ihrem Arbeitsplatz sind. Psychische Krankheiten nehmen zu – und spürbare Innovation im gleichen Maße ab. Die Anzahl der psychisch bedingten Krankheitsfehltage hat sich in den letzten zwanzig Jahren mehr als verdoppelt, psychische Erkrankungen sind mit 16 % der drittgrößte Verursacher von Arbeitsausfällen [Marschall et al. 2019]. Die Veränderungen durch die Corona-Pandemie haben die Belastung unserer Gesellschaft dabei zusätzlich signifikant erhöht.

Scrum bietet unserer Erfahrung nach eine Chance, ein Umfeld zu schaffen, in dem ein Scrum Master aktiven Einfluss auf das psychische Wohlergehen eines Teams nehmen kann. Wir sind daher der Meinung, dass es mehr Menschen braucht, die in die Welt rausgehen und Agilität und Scrum auf eine nahbare und umsetzbare Weise vermitteln und Organisationen dabei helfen, dieses Wissen auch in der Praxis umzusetzen. Durch intensive Seminare wird jeder Agile Coach gleichzeitig auch Multiplikator und wir durchdringen mehr und mehr unsere aktuelle Arbeitskultur.

Ein weiterer, eher persönlicherer Grund treibt uns zusätzlich an: **Wir hatten Lust, eine neue Tiefe in unsere Arbeit zu bringen.** Dieses Buch zwang uns dazu, intensiv über die Art und Weise nachzudenken, wie und warum wir viele Dinge tun. Wir hoben so unser Lernen auf eine neue Ebene. Anders könnten wir dir gar nicht erklären, was wir tun und mit welcher Intention. Salopp gesagt könnte also gesagt werden: Wir hatten Lust darauf, dieses Buch zu schreiben, um uns weiterzuentwickeln. Unsere gemeinsame Firma heißt genau deshalb auch sehr absichtsvoll Agile Growth Academy. Wir mögen es einfach, andere und damit auch uns selbst im Wachstum zu begleiten. Und wir hoffen natürlich, dass dies auf dich abfärbt – zumindest haben wir das Buch die ganze Zeit mit dir als Leserin oder Leser im Hinterkopf geschrieben. Solltest du an Agilität interessiert sein oder als Agile Coach oder Scrum Master arbeiten, so ist dieses Buch für dich gemacht.

Uns beschäftigte vor der Veröffentlichung auch die Frage, inwieweit die Konzepte und Ideen dieses Buches auch in Zukunft, in einer Welt mit und nach dem Corona-Virus relevant bleiben. Lass uns dazu zwei Punkte beleuchten:

1. **Agilität ist mittlerweile unstrittig zu einem Mainstream-Thema in der IT geworden.**
   Bei der Frage, wie sie sich weiterentwickelt, haben wir leider keine Glaskugel, doch frage dich selbst: Wird die IT-Branche zukünftig eher wachsen oder schrumpfen? Wie sieht es in anderen Industrien aus? Werden wir in Zukunft mehr Fließbandarbeit oder mehr Wissensarbeit in Europa haben? Welches Potenzial siehst du für den Einsatz von Agilität bei Branchen fernab der IT-Industrie? Welche Auswirkung hatte das Corona-Virus auf die Notwendigkeit von Unternehmen, erfolgreich auf Veränderungen zu reagieren? Du merkst an unseren Fragen: Wir sind der Überzeugung, dass die digitale Transformation anhält und der Bedarf an Scrum Mastern und Agile Coaches steigt. Gut für alle, die das mögen. Gut für alle, die ihre Erfahrungen auch in Seminaren weitergeben wollen.

2. **Die Arbeitswelt kann noch an sehr vielen Stellen von echter Agilität profitieren.**
   Was ist dein Eindruck? Wie oft gibt es echte Agilität in Unternehmen? Wir sprechen hier also von Unternehmen, die ihre Kundinnen und Kunden in den Mittelpunkt stellen und erfolgreich auf Veränderungen reagieren und dabei noch die Mitarbeitenden begeistern können. Wir meinen: Es gibt viel zu wenige. Das ist sehr schade angesichts der immensen Wirkung, die Scrum auf die Menschen in Unternehmen hat. Gerade im deutschsprachigen Raum haben wir nach wie vor einen großen Nachholbedarf, was eine echte Innovationskultur und menschenfreundliche Arbeitsbedingungen angeht. Schritt für Schritt könnten wir so das Rennen um Technologieerfolge und Experten oder Expertinnen global gedacht verlieren – was sich langfristig auch auf den Wohlstand und unseren Einfluss in der Welt auswirken wird.

Wenn nun mehr Branchen profitieren können und es noch viel zu tun gibt, bis wir echte Agilität vermehrt leben, stellt sich die Frage: Wer soll dieses notwendige Wissen in alle Branchen und in alle Nischen verbreiten?

Viele Kolleginnen und Kollegen in der Agile Community teilen mit uns diese Mission einer neuen Arbeitswelt. Wir selbst sind jetzt schon viele Jahre dabei, dies mit und in verschiedenen Firmen umzusetzen – und doch ist das meiste noch ungetan.

Wir sind überzeugt, dass es mehr branchenspezifische Experten und Expertinnen braucht, um einen nachhaltigen gesellschaftlichen Wandel unserer Arbeitskultur zu erreichen: Menschen, die aus ihrem einzigartigen Blickwinkel auf Scrum schauen. Menschen, die die agilen Ideen adaptieren und so dazu beitragen, die Arbeitswelt nachhaltig zu verbessern – für uns alle und nicht zuletzt für die Generationen nach uns.

Die Bühne ist also für dich bereitet: **Welche Facette trägst du zum Thema Scrum bei?** Was ist deine einzigartige Vorprägung, deine Vorerfahrung? Finanzwesen? BWL? Mechatronik? Philosophie? Unsere Arbeitswelt braucht Menschen mit spezieller Nischenexpertise, die Scrum nicht nur verstehen – sondern auch vermitteln können. In genau ihrer jeweiligen Version, mit genau ihrer Haltung und ihrem Wissen. Gesell dich dazu! Es wird dich und die Welt bereichern. Und die intensiven Kontakte aus einem mehrtägigen Seminar helfen dabei, deinen Wirkungskreis Stück für Stück zu erweitern.

Wir sind überzeugt: Wenn du nur zwei, vielleicht drei Trainings im Jahr in deinen Koffer als Agiler Coach packst, dreht sich das Spiel schon zu deinen Gunsten. Und falls du schon jetzt Seminare gibst, wird unser Konzept dich sicher inspirieren, wie du deine Teilnehmer noch gezielter erreichst und deine innere Haltung weiterentwickeln kannst.

Viel Spaß beim Eintauchen!
Jasmine Simons-Zahno und *Kai H. Simons*,
Mannheim, Juli 2021

PS: Sende uns gerne nach der Lektüre dein Feedback[3] zu.
Wir freuen uns schon darauf!

3. Hier und auf den sozialen Medien freuen wir uns auf deine Resonanz zum Buch: *buch@agilegrowth.de*.

1.1 Wie du das meiste aus diesem Buch herausholst

Dieses Buch ist das Praxishandbuch, das wir uns zu Beginn unserer Agile-Coach-Karrieren gewünscht hätten. Zwar gab es damals schon ein wenig Literatur zur Vertiefung der Scrum-Master-Verantwortlichkeit, doch zu Workshops als Wirkkanal für Agilisten existierte in Buchform damals auf dem deutschsprachigen Markt unserer Kenntnis nach nichts.

Doch immer wieder stießen wir auf die Situation, anderen Menschen Scrum näherbringen zu wollen, weil es einfach im jeweiligen Kontext Sinn machte und notwendig war. Firmeninterne Akademien oder externe Dienstleistungsunternehmen fragten nach, auch da sie ihre Kunden und Kundinnen über eine gemeinsame Sprache erreichen wollten, Veränderungs-Communitys hatten den Wunsch, sich weiterzubilden, Agile-Coaching-Teams hatten sich zum Ziel gesetzt, die Mitarbeitenden auszubilden.

Wir trugen zusammen, was wir unterwegs von anderen lernten, fügten an, was wir selbst entwickelt hatten und unternahmen und wie wir dachten. **Dieses Buch wurde mehr und mehr zum Handbuch, das bewährte Workshopelemente vermittelt, wie man Menschen von Scrum überzeugt.**[4]

Trainings sind für uns dabei eine spezifische Wirkungsart eines jeden Agile Coaches. Lyssa Adkins beschreibt in ihrem Standardwerk acht verschiedene Haltungen, die ein Scrum Master oder Agile Coach einnehmen kann [Adkins 2010].[5] Dieses Buch konzentriert sich auf die Facette des »Coach as Teacher«, den Coach als Lehrenden.

Man könnte sagen, es geht hier um zeitlich begrenzte Intensiv-Coaching-Interventionen, die wir in einer Haltung als Trainer oder Trainerin bieten. Du verstehst durch die Lektüre dieses Buches unsere Haltung zu gelungenen Erkenntnis-Workshops. Darüber hinaus erlebst du ein über hundertmal durchgeführtes Seminarkonzept Schritt für Schritt, sodass du es ideal in deine Praxis integrieren kannst. Das Werk eignet sich gut, um es einmalig von vorne nach hinten durchzulesen, fungiert danach aber eher als eine Art Handbuch, in dem du von Fall zu Fall eine Übung recherchieren oder ein Praxisproblem im Training reflektieren kannst.

---

4. Wir diskutieren später im Buch noch, ob man Menschen wirklich überzeugen kann – schlussendlich geht es um von uns gestaltete Erkenntnisprozesse, nach denen Menschen anders denken, fühlen und handeln.
5. Über die Unterschiede zwischen Agile Coach und Scrum Master sprechen wir ausführlich in unserer Podcast-Folge #024: »Wie werde ich Agile Coach?« unter *agilegrowth.de/agile-coach*.

Das gesamte hier gezeigte Seminarkonzept haben wir darüber hinaus als Bonus für dich in einem praktischen Trainerleitfaden komprimiert, den du als Ergänzung zum Buch nutzen kannst.[6]

Wir beziehen uns immer wieder auf diesen Leitfaden und bilden ihn auch hier im Buch vollständig in etwas kleinerer Darstellung ab, damit du weißt, auf welche Seite des Leitfadens wir uns gerade beziehen.

Lade den Trainerleitfaden am besten jetzt als PDF-Dokument zur einfachen Nutzung begleitend herunter, drucke ihn aus oder kopiere ihn auf dein Tablet – so hast du eine gut lesbare Größe und das Dokument direkt einsatzbereit für ein Seminar.

Abb. 1–1 Kai nutzt gerne ein iPad Pro 12" als gut einsehbare Möglichkeit, während des Seminars im Trainerleitfaden kurz zu spicken.

6. Du erhältst die aktuelle Version kostenfrei zu jeder Zeit unter *agilegrowth.de/leitfaden.*

Wer nicht gerne mit dem Tablet im Raum arbeitet, druckt sich den Leitfaden in DIN-A5-Größe auf DIN-A4-Blättern aus, sodass immer eine freie Fläche neben dem Anleitungsblatt existiert. Wenn du die Blätter laminierst, kannst du so im Vorfeld des Trainings auf der weißen Fläche mit einem Folienschreiber spezifische Notizen machen. Danach kann das Dokument fürs nächste Training wieder gereinigt werden.

Wir hoffen, so unser Bestes gegeben zu haben, damit du neben wichtigem theoretischem Wissen auch interessante Praxisfälle für dich mitnehmen kannst, die dazu anregen, dein Verständnis zu vertiefen.

1.2 Der Goldstandard der Scrum-Trainings

Zugegeben – es ist ein wenig vermessen, von dem Goldstandard zu sprechen. Mittlerweile gibt es recht viele unterschiedliche Angebote am Markt, die eine Fortbildung in puncto Scrum darstellen. Ob kurzes vorproduziertes Online-Videotraining, Blended Learning oder Präsenzkurs – sie alle versprechen, die wichtigen und relevanten Erkenntnisse in Bezug auf die beliebte agile Methode zu liefern.

Wenn wir von Goldstandard sprechen, beziehen wir uns darauf, was das am häufigsten angebotene und genutzte Angebot weltweit ist. Als Scrum-Alliance-zertifizierte Weiterbildner sind wir durch die Arbeit dieses weltweiten Dachverbands ähnlich stark geprägt wie viele andere Menschen in der Industrie, denn die Scrum Alliance[7] hat mittlerweile über 1 Million Menschen ausgebildet. Sie war der erste Zusammenschluss der Scrum-Praktiker durch Ken Schwaber und Mike Cohn im Jahr 2001 und hat somit den Rahmen, in dem man üblicherweise Scrum vermittelt, stark mitgeprägt.

Das Trainingskonzept in diesem Buch stellt unser absolutes »Lieblingsmenü« dar, ein all-time favorite. Wie Sterneköche in der Lehre durften Jasmine und ich in der letzten Dekade von den besten Köchen im Land lernen. Viele Übungen, die für uns die Basisrezepte unseres Seminars sind, stammen aus eben besagter Scrum-Alliance-Community, oft von **Andreas Schliep, Peter Beck, Siegfried Kaltenecker** und **Dr. Jürgen Hoffmann.** Ein herzlicher Dank dafür!

Bei der Komposition des abgerundeten Menüs fehlten uns dann aber doch noch ein paar Details: Wir verfeinerten die Reihenfolge, fügten Saucen und Zwischengänge hinzu – und suchten die Weinbegleitung aus, um in diesem Bild zu bleiben. Auch unsere »Haltung im Service« und eine gelungene Inszenierung beschäftigten uns. Wir inspizierten und adaptierten – über hundertmal.

7. Siehe *https://www.scrumalliance.org*.

So ergab sich Stück für Stück ein Seminar, das den meisten Menschen »hervorragend schmeckt«, abseits des Gewöhnlichen überzeugt und lange in Erinnerung bleibt. Also genau so, wie wir uns einen perfekten Scrum-Intensiv-Workshop vorstellen.

Aus dieser Fülle der weltweiten gesammelten Erfahrungen hat sich vor allem ein mehrtägiges Scrum-Training als äußerst effektiv herausgestellt. Während dreitägige Seminare etwas mehr Luft für Detailfragen lassen, sind eintägige Scrum-Kurse aus Sicht der Teilnehmerinnen und Teilnehmer meistens vorbei, bevor sie richtig angefangen haben. In diesem Buch konzentrieren wir uns auf das zweitägige Format in dem Wissen, dass du vermutlich selbst noch über eigenes Material verfügst oder dieses entwickeln möchtest, falls du einmal dreitägige Seminare planst.

Bei zwei Tagen hast du die Chance, einen starken Aufschlag zu machen, eine Nacht darüber zu schlafen, um dann an der Vertiefung anzusetzen und das Ganze abzurunden. Und genau deshalb fokussiert sich dieses Buch auf ebendiese Trainingslänge, auch wenn wir in der Praxis manchmal eintägige und oft auch dreitägige Seminare gegeben haben. Zweitägige Seminare sind pragmatisch, am Markt etabliert und didaktisch sinnvoll.

Während das Format eines Kurses den wesentlichen Rahmen steckt, haben wir bis dato noch nicht über die Inhaltsebene gesprochen. Scrum kennt ja mittlerweile viele unterschiedliche Auslegungen, weswegen es wichtig ist, sich der Quelle bewusst zu werden, aus der wir inhaltlich schöpfen: **Unser Scrum-Verständnis in diesem Buch stützt sich auf den internationalen Scrum Guide.**[8] Dieser beinhaltet die jeweils gültigen Spielregeln, wie Scrum »gespielt werden sollte«. Er wird von Ken Schwaber und Jeff Sutherland regelmäßig aktualisiert und bildet so die gemeinsame Grundlage für Scrum-Praktizierende weltweit.

Darüber hinaus verstehen wir unter einem Scrum-Training **eine hochinteraktive Workshopveranstaltung, die Menschen selbst die Erkenntnisse gewinnen lässt, die sie jeweils brauchen, um das Rahmenwerk in ihrem konkreten Kontext anzuwenden.**

Das heißt, dass wir den Teilnehmern und Teilnehmerinnen einen Raum im Seminar bieten wollen, in dem sie einen individuellen Transformationsprozess durchlaufen können, sobald sie bereit dazu sind. **Was für uns dabei gute von herausragenden Trainings unterscheidet, ist, dass herausragende Seminare sowohl das kognitive Wissen der Teilnehmer adressieren, jedoch auch eine Möglichkeit der Reflexion und Transformation von Verhalten, Haltung und Werten bieten.**

8. Nachlesbar im Scrum Guide unter *agilegrowth.de/scrum-guide* bzw. *https://scrumguides.org/index.html.*

Zu dieser Art der Seminare trägt im Hintergrund vieles bei, das du steuern kannst. Sei es deine Haltung, das konkrete Raum-Setup und wie genau du welche Inhalte verpackst – all dies findest du aufbereitet in den kommenden Kapiteln.

1.3 Über dieses Buch und seine Zielgruppe

Dieses Buch richtet sich an **alle, die Agilität leben oder leben möchten und diese Haltung anderen vermitteln wollen.**

Wenn du dich in irgendeiner Form als **Berater, Coach, Trainerin, Scrum Master, Agile Coach, Führungskraft oder Personaler** verstehst, so haben wir dieses Buch für dich geschrieben. Wir meinen hierbei alle Menschen in diesen Rollen, unabhängig von Geschlecht oder Herkunft.[9]

Dieses Praxisbuch enthält die Essenz aus über 20 Jahren kombinierter Erfahrung, **wie Menschen intensiv in das beliebte agile Rahmenwerk »Scrum« eingeführt werden können** – unabhängig von deren Vorbildung oder eventuell vorhandener Skepsis. Es ist ein Buch von Praktikern für Praktiker.

Du solltest unser achtsam zusammengestelltes Trainingshandbuch definitiv lesen, **wenn du deine Wirkung als Coach, Trainerin oder Beraterin weiter ausbauen möchtest,** denn Seminare sind ein effektiver Ort, deine Strahlkraft zu stärken, eine neue Wirk- und Einkommensebene für dich und dein Unternehmen zu schaffen und größeren Sinn als Agile Coach zu verspüren.

1.4 Plädoyer zweier Coaches für die Nutzung von Trainingsinterventionen

Neben meiner Rolle als Certified Scrum Trainer® bin ich, Kai, einer von zwölf Beraterinnen und Beratern im deutschsprachigen Raum, die ebenfalls Certified Enterprise Coaches® sind. Ohne im Scrum-Alliance-Jargon zu sprechen, heißt das: Ich habe ziemlich viel gecoacht über die Jahre, auch in großen Umgebungen mit mehr als 18 Scrum-Teams.

In diesem Buch geht es um ein Handwerkszeug und eine Haltung als Agile Coach, die nur wenige intensiv ausgeprägt haben: Es geht um die Kraft herausragender Scrum-Trainings. Was bringt mir das nun als Coach? Wir haben es im letzten Abschnitt bereits angerissen: Früher oder später treffen wir auf Menschen, die nicht überzeugt davon sind, dass Scrum eine gute Idee ist. Das können Menschen

9. In diesem Buch wechseln wir gelegentlich auch in Beispielen zwischen Geschlechtern, um dies auch inhaltlich auszudrücken.

sein, die einfach noch kein Vorwissen darüber haben, oder auch Mitarbeitende, die das Ganze für grundfalsch halten oder schlechte Erfahrungen damit gemacht haben.

Für alle – egal ob Skeptikerinnen, Neueinsteiger oder Neugierige – brauchen wir passende Interventionen, um eine Verhaltensänderung zu ermöglichen.

Nun sind wir leider der festen Überzeugung, dass man Menschen nicht ändern kann, das müssen sie schon selbst tun. Aber was man ändern kann, ist, wer man selbst ist und welche Erfahrungsräume man Menschen mit seiner eigenen Haltung aufspannt.

Für uns sind Seminarräume dabei viel mehr als ein paar Stühle und Tische und große Fenster. Es sind psychologische Räume, die das Sammeln relevanter Erfahrungen ermöglichen, das Entdecken zutiefst verändernder Grundglaubenssätze über das (Arbeits-)Leben. Nur wenn wir diesen Job gut hinbekommen, verdient unserer Meinung nach ein Training wirklich diesen Namen.

Was ist ein Seminar, bei dem ich so herauskomme, wie ich reinging? Verschwendete Zeit meinen wir. Nette Selbstbestätigung. Dann lieber ein Dankbarkeits-Tagebuch schreiben am Pool mit einem Cocktail in der Hand – das gibt auch Selbstwert.

Doch muss es immer ein Training sein, in dem diese Konzepte vermittelt werden? Viele der Übungen, die wir hier in diesem Buch beschreiben, haben wir auch außerhalb des Seminarraumes in unserer Praxis als Agile Coaches angewandt. Die ergebnisoffene Haltung eines Coaches ist in vielen Fällen sehr hilfreich für seine Kundinnen, um zu persönlichen Erkenntnissen zu gelangen und diese zu vertiefen. Manchmal sind wir aber in der Situation, dass schlicht zu wenig Wissen über die mit agilen Vorgehensweisen verbundene Haltung und Werkzeuge vorhanden ist und die Reflexion insbesondere im Gruppen- oder Teamkontext dann zu ungerichtet ist. Eigene Glaubenssätze können folglich nicht ausreichend verstanden und erkundet werden.

So ging es uns bei einem Kunden:

> Es war eine brenzlige Situation, die dem Kunden die Existenz hätte kosten können. Das Projekt war gut angelaufen, aber nach und nach wurde es komplexer, das Team immer langsamer, zwischenmenschliche Beziehungen schwieriger und niemand hatte mehr das Gefühl, Herr der Lage zu sein. Eine Retrospektive ergab, dass die Verteilung der Verantwortlichkeiten unklar war und die drei Verantwortlichkeiten von Scrum auch unterschiedlich (miss-)verstanden worden waren. Die in diesem Buch beschriebene Verantwortlichkeiten-Übung führte bei allen Beteiligten zu der notwendigen Klarheit, um Veränderungen anzustoßen.

Unter anderem wurde erkannt, dass die Verantwortung des Product Owners mehrfach besetzt war und dies zu einer Diffusion dieser Verantwortlichkeit und Entscheidungen geführt hatte. Auch die Verantwortlichkeit des Scrum Masters war missverstanden worden und die Fähigkeiten, diese Verantwortung auszufüllen, waren zudem in dem Team (noch) nicht vorhanden. Die Entwickler hatten sich aus der Not heraus immer mehr in die jeweiligen Spezialisierungen »verkrochen«, statt zusammenzuarbeiten. Am Ende hat der geschriebene Quellcode weder zusammen- noch zu den Anforderungen gepasst. Notwendige Fragen konnten nicht gestellt werden und das für eine so große Herausforderung nötige Vertrauen zueinander fehlte. Zusammen wurde entschieden, die Scrum-Master-Verantwortlichkeit extern zu besetzen, die Product-Owner-Verantwortlichkeit neu zu schärfen und hier die Erwartungen vom Product Owner an die Entwickler und umgekehrt zu klären.

Anforderungen wurden des Weiteren nun so geschrieben, dass eine Zusammenarbeit erleichtert wurde. Auch die Rolle des Softwarearchitekten wurde nur noch übergangsweise so akzeptiert, wie sie war. Nach und nach sollte sie künftig als ein Mentor für das Team fungieren und das Team darin unterstützen, gemeinsam Entscheidungen zu treffen.

Diese und weitere Maßnahmen waren das Ergebnis einer zweistündigen Trainingsintervention. Als direkt am Erkenntnisprozess Beteiligte wurden die Veränderungen vom Team mitgetragen. Das Team selbst hatte seine Dysfunktionen herausgearbeitet und Lösungsideen generiert. Eine ideale Ausgangsbasis für die weitere Coaching-Begleitung.

Also, wann auch immer du als Scrum Master, Agile Coach oder Beraterin andere Menschen in ihrer Haltung beeinflussen möchtest – und nichts anderes ist lernen –, legen wir dir als Interventionswerkzeug eine kurze oder längere Trainingssequenz ans Herz. Aus unserer Erfahrung dürfen wir im Gegensatz zu Ratschlägen sagen: Seminar-Sequenzen als gezielte Coaching-Interventionen funktionieren und liefern, was sie sollen: relevante Erkenntnisse, die die Menschen jetzt brauchen, mit denen wir arbeiten.

2 Die Haltung eines erfahrenen Trainers

Ohne Haltung kein Rückgrat. Alles verbiegt sich – wie ein Fähnchen im Wind. Möchtest du so wirken? Vermutlich nicht. Selbst im von uns seit Langem praktiziertem Yoga mag man zwar Flexibilität, muss aber auch im Yin-Yoga Positionen unbequem lange halten können.

Dabei dehnt sich der Körper. Es ist zeitweise recht unangenehm und mit tiefem Atmen geschieht nach und nach eine stückweise Transformation. Der eigene Körper und seine Grenzen werden einem sehr bewusst. Man dehnt sich aus und man wird weit, kann sich für neue Erfahrungen öffnen und ist danach erstaunlich klar im Kopf.

Durch das Stärken der eigenen Haltung und der tiefsten inneren Werte erhalten wir einen Kompass, der uns im Trainingsraum immer wieder hilft, adäquat und authentisch zu reagieren.

Manchmal braucht es auch hier die Fähigkeit, eine unangenehme Situation schlicht auszuhalten, um zu einer eigenen Einstellung dem Geschehen gegenüber zu kommen und zu beobachten, was in dieser passiert. Nur so erkennen wir, wie auch wir unter diesen Umständen unserer Haltung und unseren Werten treu bleiben können. Ganz so wie wir auch in einer unbequemen Yin-Yoga-Position zu uns, unserer Klarheit und unserem Fokus zurückkehren können.

Dieses Kapitel dient dem Training deiner Haltung.

Doch was bedeutet es überhaupt, ein »guter Trainer« oder »eine gute Trainerin« zu sein? Auch darauf gehen wir ein.

Über die letzten Jahre haben wir viele Experimente mit unserer inneren Haltung zu Seminarteilnehmern gemacht, um herauszufinden, welche Gedanken, Gefühle und Modelle dem Zeitgeist der Agilität im Trainingsraum entsprechen.

Haltung bedeutet für uns Werte im Prozess des konkreten Auslebens.

Öfter hörten wir als Resonanz zu unseren gelebten Werten Kommentare von Teilnehmerinnen wie den von Nicole in einer Abschlussrunde: »Das Training mit Kai hat mich inhaltlich weitergebracht, aber noch wichtiger war für mich, wie er uns die Inhalte vermittelt hat und wie er mit guten Beispielen die Gruppenprozesse und Bedürfnisse moderiert hat.«

Das, was Nicole hier zwischen den Zeilen so gefällt, hat dabei sehr viel mehr mit einer gelebten Trainerhaltung zu tun als mit konkreten Inhalten.

Lass uns also nun den heraufschauenden Hund und die Kobra[1] eines Scrum-Lehrenden entdecken, damit du bald eine maximal persönliche Figur in allen Workshop-Lebenslagen abgeben kannst – denn gerade bei einer Haltung gilt: Irgendwann darf sie auf natürliche Art und Weise zu dir passen. Ausprobieren hilft dabei, herauszufinden, was geht und was stört.

Wir breiten in diesem Kapitel nun unsere mentalen Lieblingsformeln vor dir aus, du machst daraus dann einfach deinen Stil, okay?

2.1 Was bedeutet es, ein guter Trainer oder eine gute Trainerin zu sein?

Einer unserer Mentoren, Hans-Jürgen Walter, sagte einmal in einem Seminar: »Ein guter Trainer kann ein Thema in zwei Minuten, zwei Stunden oder zwei Tagen vermitteln.« Dieser Satz brachte es auf den Punkt, was wir intuitiv über das Lehren wussten: Egal, wie lange wir unseren Teilnehmern und Teilnehmerinnen etwas beibringen, wir versichern ihnen und uns eine gute, wertvolle Zeit. Was bedeutet das?

Gut ist sicherlich ein vielfältiger Begriff. Für uns bedeutet gut neben fachlicher Themenkenntnis, dass die Zeit aller sinnvoll genutzt wird, um kollektiv individuelle Fortschritte zu erreichen … Moment mal – was schreiben wir da? Kollektiv individuelle Fortschritte? Das klingt erst mal wie ein Widerspruch. Darauf wollen wir ein wenig näher eingehen und das Bild klarer zeichnen.

Im Gegensatz zum Selbststudium bieten Seminare und Trainingsinterventionen die Gelegenheit, dass sich Menschen im Spiegel und im Zusammenhang mit anderen Menschen erleben. Als Trainer nennen wir dieses wahrnehmbare entstehende Geflecht gerne Gruppendynamik: eine gegenseitige Beeinflussung durch Aktion und Reaktion – quasi eine Art Energiefluss im Raum zwischen uns Menschen, der sich dynamisch bewegt wie aufgeschaukeltes Wasser in einer Babybadewanne.

1. Beides sind – je nach Übungsstand – recht wohltuende Yoga-Positionen.

Dieses Wasser kann mal ruhig sein und mal chaotisch, mal gleichförmig und mal stürmisch. So wie jede Menschengruppe ihren Zustand hat, hat das Wasser es auch. Wenn ich die Wanne stärker schüttle, hat das einen spürbaren Einfluss. Und auch als Seminarleiter schüttle ich manchmal mehr und manchmal weniger die Gruppe der Teilnehmenden. Das Ergebnis ist zwar nicht vorhersehbar, aber die Intention, eine Gruppe in einen neuen Zustand zu bringen, ist gelegentlich einfach notwendig, um Lernziele zu erreichen.

Es ist Montag, 13:43 Uhr. Kurz nach dem Mittagessen des ersten Seminartags bitte ich alle am Seminar Teilnehmenden aufzustehen und den Raum freizuräumen, um in eine intensive Simulation einzusteigen. Zwischen Skepsis, Vorfreunde und operativer Hektik bahnt sich eine ziemliche Herausforderung für die Gruppe an. Ich führe sie achtsam und schnell durch die Seestern-Simulation (siehe Abschnitt 3.3.7). Nach dieser anspruchsvollen Intervention ist die Dynamik im Raum tatsächlich spürbar eine völlig andere. Die sich erst seit Kurzem kennenden Personen sind auf einmal voller Energie, im krassen Austausch und tief in ihren Emotionen. Die Kaffeepause surft auf dieser Energie wie Philip Köster[2] beim Absprung auf einer brechenden Welle.

In den Spritzern des Wassers oder eben den Begegnungen der Menschen mit sich selbst im Spiegelbild des anderen liegt eine besondere Kraft. Es ist die Gelegenheit, in der Beziehung zu anderen in der Tiefe Dinge zu realisieren, die vorher spürbar, aber nicht benennbar waren. Wir brauchen einander, um Dinge, die in der Tiefe unseres Unterbewusstseins schlummern, an die Oberfläche zu holen. Etwas weniger esoterisch gesagt: »Es macht klick.« Erkenntnisse purzeln ins Hirn wie reife Pflaumen vom Obstbaum im August. Am Ende eines Trainingstags fragen wir gern: »Was hast du heute gelernt?[3] Was hat Klick gemacht? Was war eine Erkenntnis oder ein Aha-Moment für dich?«

Und so passiert also individuelles Lernen, individueller Fortschritt in und durch eine kollektive Gemeinschaft. Jede einzelne Teilnehmerin hat ihren individuellen Realisierungsprozess. Das ist auch völlig logisch, denn jeder von uns hat seine eigenen inneren Landkarten der Welt, die abbilden, was gelernt wurde und wie man die Welt eben sieht. Für Sven ist also das Erkennen der Nutzbarkeit von Scrum vielleicht ein tiefer Erkenntnismoment, während Maike später in der Ver-

2. Deutscher Windsurf-Weltmeister in der Disziplin »Wellenreiten«.
3. Ob du deine Teilnehmer duzt oder siezt, ist vermutlich eher eine persönliche Präferenz. Jasmine und ich waren immer schon gerne »per du« mit Menschen in unseren Seminaren.

antwortlichkeiten-Übung eine neue Klarheit gewinnt, die über Jahre ihre Art, wie sie denkt, beeinflussen wird.

Individuelle kollektive Entwicklung profitiert von Führung – von deiner Führung. Wer Kinder hat oder beobachtet, weiß das: Der Rahmen steuert mit, was im Selbigen passiert. Als Eltern bemüht man sich, sichere und stimmige Grenzen zu setzen, in denen dann frei durch das Kind gehandelt werden darf und soll. Werden diese Grenzen verletzt, folgt eine sinnvolle pädagogische Intervention zur Wiederherstellung derselbigen – zumindest sofern noch Nerven übrig sind.

Der walisische Berater Dave Snowden hat in seinem Video »Wie man ein Kinderfest organisiert«[4] einmal recht zynisch, aber treffend beschrieben, wie er ein komplexes adaptives System bei einem Kindergeburtstag in seinen Grenzen halten würde: Sein erster Versuch, die Party eher nicht mit Regeln zu versehen, endet, wie bei seinen Freunden konkret ausprobiert und nicht empfehlenswert, im völligen Desaster: Das Haus brennt ab.

Doch auch mit Lernzielen und einem Visionsstatement zu beginnen, um dann einen Meilensteinplan zu erschaffen, gegen den wir den Fortschritt der Party messen, scheitert natürlich für diese Herausforderung kläglich.

Doch es folgt eine dritte, vielversprechende Herangehensweise: »Der dritte Ansatz, der Komplexitätsansatz, ist noch einfacher. Hier ziehen wir eine Linie in den Sand, die in der Komplexitätstheorie als Grenze bekannt ist, und wir wenden uns an die Kinder und sagen frei nach Dave Snowdon: »Cross that line and you will die.«

Wir steuern und beeinflussen also das komplexe adaptive System unserer Trainingsteilnehmer durch einen gemeinsam vereinbarten Rahmen, Interventionen und deren nachträgliche Interpretation in Bezug auf ihre beobachtete Wirkung.

Eine »guter Trainerin« hat in diesem Sinne also das Wissen und die Erfahrung gesammelt, Rahmen, Interventionen und Interpretationen so zu wählen, dass die Tiefe und schiere Anzahl der erspürten Erkenntnisse die teilnehmenden Personen berühren.

Sie handelt dabei aus einer Haltung der klaren Absicht, das bestmögliche Lernergebnis für diese Menschen zu erschaffen.

Lehren ist dabei so eine besonders heimtückische Sache, denn nichts genießen wir mehr, als in unserem Selbstwert und unserem Selbstbild gestärkt zu werden. Die Versuchung, Workshops so zu gestalten, dass unsere Teilnehmer einfach eine tolle Zeit haben, wir sie mit vielen Anekdoten bespaßen und sie uns danach über den Klee loben, ist aus unserer Erfahrung sehr groß.

---

4. Siehe *agilegrowth.de/birthday.*

Natürlich will eine gute Trainerin auch, dass die Teilnehmer eine bemerkenswerte Zeit haben, aber sie weiß auch, dass Lernen mit Irritation [Schäffter 1997], quasi konstruktiver Verstörung, einhergeht.

Es gilt also, Räume zu gestalten, in denen die teilnehmenden Personen genügend Sicherheit verspüren, um sich selbst, ihre Glaubenssätze und ihre Arbeitsrealität zu hinterfragen, und Gruppen in Situationen zu führen, die vielleicht nicht der Beschreibung »angenehm« entsprechen – aber einen Erkenntnisprozess ermöglichen.

Wir erklären uns den Prozess gerne so: Sie dürfen einen Raum erleben, in dem sie in Sicherheit immer wieder an den Rand ihrer Komfortzone gelangen, wo sie wichtige Erkenntnisse über ihre Identität, Werte und Glaubenssätze, aber auch Fähigkeiten und individuellen Kontakt erfahren. Diese Erkenntnisse können Menschen mitnehmen und in ihrer Komfortzone für sich, mithilfe der Gruppe und uns Trainern als Begleiter, aufarbeiten. Kurz darauf brechen wir erneut in Richtung Rand der Komfortzone auf – manche nennen diesen Bereich auch »die Lernzone«. Das Ganze gleicht also einem recht dynamischen Wellenbad, das wir als Trainer führen und steuern.

All dies können wir nur tun, wenn wir etwas Abstand von unserem Ego nehmen. Damit meinen wir, dass wir Abstand davon nehmen, uns im Trainingsraum selbst zu bestätigen, und auch darauf verzichten, die Teilnehmerinnen mit unserem Wissen zu beeindrucken.[5]

Um den Abstand vom eigenen Ego zu finden und zu halten, hilft es uns, die innere Haltung zu stärken, weshalb wir eigentlich Trainings geben.

Unser »Warum« liegt darin, dass wir davon überzeugt sind, dass Scrum und Agilität in komplexer Wissensarbeit Sinn macht und wir beides als Vehikel benutzen können, um gemeinsam Wert zu generieren, den Kunden glücklich zu machen und sinnstiftende Arbeitsplätze zu kreieren. Dies alles haben wir wahrlich verdient. Insofern möchten wir als Trainer natürlich, dass unsere Teilnehmer viel über Agilität und Scrum lernen, und wir freuen uns unglaublich, ihnen unser gesamtes Wissen zur Verfügung zu stellen.

5. Wir bekennen uns schuldig. Manchmal gehen auch mit uns die Pferde im Seminar durch und unser Ego gewinnt: Wir reden zu viel, zu lange und zu leidenschaftlich über etwas. Spätestens das zeitnahe Feedback der Gruppe hilft uns hier und bietet uns auch als Trainer eine spürbare Korrektur unserer gelegentlichen Ausschweifungen. Wir alle wachsen. Es ist okay, gelegentlich wieder zu scheitern und erneut zu lernen.

Wir haben aber auch gelernt, dass es im Trainingsraum oftmals weniger um unser Wissen geht als um den Erfahrungsraum, den wir für die teilnehmenden Personen aufspannen können. Auch geht es meist nicht darum, was wir denken, dass diese brauchen, sondern um das Zuhören und Wahrnehmen und danach adäquat und authentisch zu reagieren sowie neue Erfahrungs- und Wissensangebote zu erschaffen. Trainieren ist für uns also das Ausleben von agilen Werten par excellence.

Ganz konkret stellt uns das immer wieder vor eine Herausforderung: Erfüllen wir die Lernziele, die unsere Auftraggeberin oder wir selbst uns gestellt haben, oder versuchen wir, auf die individuellen Wünsche unserer Trainingsteilnehmer einzugehen. Denn natürlich kann der persönliche Fortschritt durchaus anderes zu vermittelndes Wissen und andere Erfahrungen benötigen.

Dabei hilft uns, immer wieder Abstand zu nehmen von der Haltung, zu wissen, was für andere gut ist. Offenheit und Neugierde sind hier unsere Freunde, die uns dabei unterstützen, wahrzunehmen, was unser Gegenüber oder in diesem Fall unsere vielen Gegenüber, nämlich der gesamte Trainingsraum, braucht.

2.2 Wie lebe ich die Scrum-Werte in einem Training vor?

Viele Dinge sind heutzutage »wertlos«. Auch Scrum wurde und wird immer wieder ohne eine passende Grundlage von Werten angewandt. Damit fehlt trotz korrekter Mechanik eine essenzielle Haltung, eine Position, ein Werteverständnis.

Ein alter Blogartikel von Kai aus dem Jahr 2013 mit dem Titel »Manchmal ist Scrum wertlos«[6] monierte damals schon die »blutleeren« Scrum-Varianten in der Arbeitswelt. Viele Agile Coaches nahmen damals dieses Phänomen wahr. Scrum wurde zwar mechanisch korrekt ausgeführt, aber es »fühlte sich falsch an«.

Auch aus diesem Grund haben die zwei geistigen Väter von Scrum – Jeff Sutherland und Ken Schwaber – die Scrum-Werte, die bereits 2001 im ersten Scrum-Buch [Schwaber & Beedle 2002] enthalten waren, dann 2016 auch endlich in den Scrum Guide aufgenommen: Mut, Fokus, Commitment, Respekt und Offenheit.

Spätestens als Scrum-Lehrender führt kein Weg daran vorbei: **Als temporärer Anführer der Teilnehmenden darfst du die Scrum-Werte aus jeder Faser deines Körpers ausstrahlen, damit diese deine Haltung erfolgreich modellieren können.** Wie erreichst du das? Indem du vorher reichlich Scrum machst, Agilität lebst – und diese Ideen grundsätzlich gut findest. Falls das der Fall war, hast du deine Einladung in den Club der kohärenten Scrum-Vermittler bereits in der Tasche.

6. Siehe *agilegrowth.de/scrum-wertlos*.

Falls nicht empfehlen wir dir, in welchen Lebensbereichen auch immer[7], mit den Konzepten von Scrum und Agilität zu experimentieren.

In den kommenden Abschnitten beleuchten wir eingehend verschiedene Aspekte der Scrum-Werte, damit du gedanklich tiefer einsteigen und ein Bauchgefühl dazu entwickeln kannst, was wir mit der Verkörperung der Scrum-Werte im Seminar meinen.

2.2.1 Wie mache ich mich selbst durch Offenheit verletzlich?

Um Werte zu demonstrieren, lebe ich sie am besten vor. Einer der Scrum-Werte ist Offenheit. Diesen Wert zu leben bedeutet im Seminar, die eigene klare Entscheidung zu treffen, anderen Menschen tendenziell kritische Informationen anzubieten.

Diese Art von Offenheit, von der ein Training profitiert, benötigt zur Demonstration also ein gutes Stück Selbstoffenbarung. Und damit machst du dich natürlich verletzlich. Lass uns daher kurz ansehen, weshalb jemand so verrückt sein sollte, sich einer Gruppe von meist noch recht Fremden anzuvertrauen und auszudrücken, was ihn gerade bewegt.

> Es war für mich ein schrecklicher zweiter Trainingsmorgen. Ein guter Freund hatte mir kurz vor dem Tagesstart geschrieben, dass seine sechs Monate alte Nichte heute eine lebensbedrohliche Operation durchstehen muss. Schon vorher hatte er öfter von ihrem und dem Leiden der Eltern des kleinen Babys erzählt. Ich spürte Trauer, Angst und Mitleid für meinen Freund und seine Nichte mitsamt ihrer Familie. Ich stand vor der Entscheidung, diese private Angelegenheit im Hintergrund meines Kopfs zu belassen und nach außen »Mr. Cool« zu geben – eine Rolle, die mir eigentlich sehr liegt. Doch ich entschied mich, meine Gemütslage der Gruppe im morgendlichen Check-in (siehe Abschnitt 3.4.1) zu offenbaren. Ich sagte mit ungewollt leicht brüchiger Stimme: »Ich gebe mir eine 8 von 10 – mir geht es gut, aber die sechs Monate alte Nichte meines Kumpels liegt in einer Stunde unter dem Messer bei einer schweren OP. Ich habe Angst, dass sie das nicht überlebt.« Nach einem Moment schweigender Betroffenheit sah ich tröstende Blicke – keine Notwendigkeit für weitere Worte. Mein Fokus auf das Training und die Menschen im Raum war nun wieder frei.

7. Einen noch recht exotischen Einsatzort für Agilität haben wir mit unserer Hochzeit ausprobiert: Ob Hochzeitsvision, gemeinsames Entwicklungsteam aus Groomsmen und Bridemaids oder Backlog am Hochzeitstag selbst – alles klappte wie am Schnürchen. Mehr dazu im Agile Growth Podcast, Folge #013: »ScrumMaster in Anzug und Krawatte, Product Ownerin im Brautkleid« unter *agilegrowth.de/hochzeit*.

Ihre Teilnehmer werden durch solch einen Beitrag ihre Haltung unbewusst erkennen und widerspiegeln. Ihr Training findet »im Geist von Offenheit« statt. Manchmal führt auch gerade solch eine Mitteilung dazu, dass in einem der folgenden Pausengespräche jemand auf uns zukommt und eine ähnliche Erinnerung oder Situation bei sich selbst anspricht. So entsteht Verbindung und die Chance, gemeinsam Gutes wie Schlechtes zu verarbeiten.

Grundlegend geht es also um eine gute Introspektion: Was ist gerade in deinem Leben los? Was muss gesagt werden, damit andere jetzt und heute deinen Geist im Seminar erfassen und spüren können? Die Antwort auf diese Frage packst du dann auf den Tisch.

Dabei geht es uns nicht darum, dass du jedes Stück deiner Seele freilegst und sogenannten »Seelen-Striptease« betreibst. Es geht darum, dass du als Trainer nah und menschlich wirst und so ein Umfeld schaffst, in dem Verletzlichkeit akzeptiert ist und in einem sicheren Raum stattfinden kann. Denn auch die Teilnehmenden machen sich als Lernende verletzlich. Im Verlauf des Trainings vielleicht auch an einer Aufgabe zu scheitern, gehört zum Lernen dazu. Die passende Kultur macht aus diesem »Scheitern« ein erwünschtes Lernen, das dem gemeinschaftlichen Vorankommen dient.

Wir sind davon überzeugt, dass an einem Training Teilnehmende mehr lernen, wenn sie Erlebtes intensiv reflektieren. Um dies auch im Dialog mit anderen zu tun, braucht es dann eben ein großes Maß an Offenheit, Vertrauen und den Mut zur Verletzlichkeit.

Natürlich hilft es auch, ein wenig erkennen zu lassen, was für Hobbys du hast, wie es vielleicht um deine Familie oder deine Lebenssituation bestellt ist, und was du vom Seminarort, der Stadt oder dem Land hältst, wo du dich gerade befindest.

Wenn du in deinen persönlichen Aussagen ein Stückchen weiter gehst, als du selbst das als angenehm empfindest, wirst du wahrscheinlich erleben, dass andere es auch tun. Dies stärkt die Gemeinschaft der Lernenden und ermöglicht so die Chance auf neue Beziehungen untereinander, die im Glücksfall auch nach dem Seminar eine Substanz haben.

Nach einem meiner Münchener Trainings war ein Teilnehmer so angetan von der Idee, Scrum bei ihm im Unternehmen zu professionalisieren, dass er sich das Wissen und die Unterstützung der anderen auch nach dem Seminar noch sichern wollte. Er hatte in der Gruppe eine Wachstumsgemeinschaft gefunden. In der Schlussrunde bot er an, einen gegenseitigen Besuch im Unternehmen zu organisieren. Das Angebot wurde von etlichen anderen gerne angenommen.

Offenheit im Trainingsraum bedeutet für uns auch, offen für Feedback und Kritik zu sein. Wir fragen am Abend des Seminartags genauso Feedback ab wie im Daily-Scrum-Ritual kurz nach dem Mittagessen. Das Gesagte erst mal im Raum stehen zu lassen, um zu schauen, wie andere es wahrnehmen, kann mitunter auch für uns recht schmerzhaft sein und manchmal auch zu einer Kursanpassung führen, die für uns unangenehm sein kann – doch nur so leben wir die agilen Werte auch im Training.

Ich spürte seit gut zwei Stunden, dass meine Gruppe einen Schritt weiter gehen konnte und wollte. Doch weiterführende Übungen standen so nicht auf meinem inneren Lehrplan. In der Mittagspause sprach mich eine Teilnehmerin an und verbalisierte mein Störgefühl: Sie hätte den Eindruck, dass wir bis jetzt vieles für viele wiederholt hätten – ob wir nicht etwas Weiterführenderes tun könnten, schließlich wäre es doch ein Scrum-Master-Seminar. Die restliche Mittagspause legte ich mir einen Plan zurecht, wie ich die Intensität für die Gruppe steigern könnte, und kam mit einer neuen, noch nie getesteten Übung in den Seminarraum zurück. Wer mich kennt, der weiß, dass mir das wenig Spaß macht, da ich gerne zuverlässige Qualität im Seminarraum liefere und lieber vorher bei einem User-Group-Abend in Würde beim Testen neuer Formate scheitere. Doch es half nichts, da wollte ich jetzt durch. Die Übung klappte brauchbar gut und wir konnten mit dem Gelernten tiefer gehen.

2.2.2 Wie verbinde ich die Bedürfnisse von Fokus mit der Flexibilität von Agilität?

Am Ende eines Trainings erhalten wir in der Abschlussrunde häufig ein widersprüchliches Feedback: Während manche Teilnehmerinnen sich mehr roten Faden gewünscht hätten, fanden andere gerade das tatsächliche Vor- und Erleben von agilen Methoden durch adaptive Planung faszinierend.

Im Vorgriff auf Kapitel 3, »Die Geheimnisse eines erstklassigen Trainingskonzept entschlüsseln«, wo wir noch tiefer auf die genaue Art und Weise eingehen, wie Scrum spürbar stark vermittelt wird, können wir dir an dieser Stelle ja schon einmal verraten, dass ein Teil der Seminarsteuerung über ein Product Backlog funktionieren wird.

Dieses auch von uns »Kurs- oder Lern-Backlog« genannte Konstrukt dient also der Organisation der Wünsche aller am Training Teilnehmenden sowie der vorgeschriebenen oder durch uns gesetzten Pflichtinhalte. So ist es also kein Wunder, dass dieses Backlog, wie das echte Scrum-Artefakt auch, ständigen Änderungen unterliegt. Es ist weder jemals vollständig noch lange Zeit besonders stabil.

Wir arbeiten in Seminaren sehr konsequent mit diesem Lern-Backlog. Das bedeutet, dass auch die Teilnehmer lernen, sich in jedem Modul auf den jeweiligen Inhalt zu fokussieren. Das bedeutet oft, dass eine Frage, die gerade eben geäußert wurde, zurückgestellt wird. In einer Produktentwicklung versuchen wir ja auch zu vermeiden, dass Anforderungen einfach in einen Sprint wandern dürfen. So schärfen wir die Bedeutung des Werts »Fokus«.

Wie auch im wahren Leben kann das zwischenzeitlich zu etwas Unmut führen und unangenehm für die Fragenstellerin und uns als Trainer sein. Und genau das thematisieren wir dann als wichtige Lernerfahrung: »So wie es dir als Fragenstellerin gerade geht, geht es auch den Anforderern bei unseren agilen Produkten. Wir können das bauen, aber bitte nicht zu diesem Zeitpunkt. Wir kümmern uns darum, wenn wir an diesem übernächsten Product-Backlog-Eintrag arbeiten werden.«

So helfen wir unseren Teilnehmenden zu erkennen, dass ihre Themen zwar adressiert werden, jedoch erst an einer passenden Stelle – oder vielleicht auch gar nicht, wenn sie am Ende des Lern-Backlogs landen und uns die Seminarzeit ausgeht.

Wie ein Damoklesschwert hängt dann oft die Sorge dieser Personen über unserem Seminar, ob wir denn wirklich fertig werden könnten. Welche ihrer Ideen und Wünsche schlussendlich im Wissens- und Lernprodukt, sprich den Köpfen und Herzen der Menschen, landen werden, ist also immer wieder unsicher. Und auch wenn das persönlich irgendwie unangenehm ist, so haben wir dadurch doch gut erfahrbar gemacht, wie sich Stakeholder agiler Produkte fühlen: Das Vertrauen aller wächst erst mit konstanter und hochwertiger Lieferung.

Etwas überspitzt ausgedrückt könnte man also sagen: Wenn die am Seminar Teilnehmenden in der Schlusskurve diese inhärente Eigenschaft der Veränderung des Product Backlog immer noch nervt, werden sie sich vermutlich auch in Zukunft schwertun, agil zu arbeiten. Unsicherheit als einen Normalzustand zu empfinden und darin Entscheidungen zu treffen gehört zur Konsequenz der Arbeit mit Komplexität dazu.

Scrum ist die unausweichliche Arbeit mit Komplexität, Veränderlichkeit und Ambiguität. Wer bei diesen Wellen nicht gerne surft, sollte vielleicht besser gar nicht erst ins Wasser gehen – oder braucht eine immense Kraft in den kommenden Jahren, sich immer wieder selbst neu zu denken, während er oder sie aufs Brett steigt und die Kontrolle sucht.

2.2.3 Wie lebe ich tiefen Respekt im Trainingsraum?

Wir alle sehnen uns danach, respektiert zu werden. In einem Scrum-Team steht der Wert Respekt dafür[8], in besonderem Maße umsichtig mit Kollegen und Kolleginnen anderer Fachrichtungen zusammenzuwirken.

Im Seminar begegnet uns eine verschiedenartig gelagerte Heterogenität: Menschen mit unterschiedlicher Vorbildung, unterschiedlichen Studien- und Ausbildungsrichtungen und mit unterschiedlichen Scrum-Kenntnissen treffen aufeinander. Welches Gefühl vermittle ich diesen Personen am besten, um ihnen ein Lernen zu ermöglichen?

Wer als Trainer innerlich die Augen verdreht, der strahlt das auch nach außen aus. Spüre einmal in dich selbst hinein: Wie siehst du die teilnehmenden Personen wirklich? Ist es in Ordnung, wenig, viel oder gar schlechte Erfahrungen mit Scrum gesammelt zu haben und bei dir lernen zu wollen? Ist es okay, wenn BWLer und Chemiker gemeinsam mit IT-Nerds[9] lernen?

Solltest du Bauchschmerzen oder Zweifel bei einigen deiner Lernkandidaten empfinden, so haben wir gute Erfahrungen mit einer großen Flasche gedanklichen Etikettenlösers gesammelt.[10] Wir üben uns immer wieder darin, Etiketten in unserem Kopf nicht nur schnell aufzukleben, sondern auch wieder abzuziehen. Und Anhaftung war doch irgendwie schon immer der »natürliche Feind« aller Kontemplationspraktiker da draußen. Besser wir lassen Störendes zügig los.

Dabei ist es vielleicht noch wichtig zu verstehen, dass diese Etiketten automatisch von unserem Gehirn generiert werden. Nach Daniel Kahneman sind das Muster des schnellen Denkens [Kahneman 2017] und sie helfen uns im Alltag einfach dabei, zu überleben.

Wir brauchen diese Muster im Seminarraum auch, um unsere Teilnehmer erst mal wahrzunehmen und einordnen zu können. Im Verlauf des Trainings gilt es dann für uns immer wieder, uns von diesen Mustern und Etiketten zu lösen, um die Individuen wahrnehmen zu können und nicht nur unser mentales Modell, das wir uns jeweils von ihnen unterbewusst auf die Schnelle gebaut haben.

---

8. Nachlesbar im Scrum Guide unter *agilegrowth.de/scrum-guide* oder unter *https://scrumguides.org*.
9. Ja, ich, Kai, mache da manchmal meine Witzchen – das ist wirklich nicht despektierlich gemeint. Als Diplom-Informatiker zähle ich mich hier zu dieser nerdigen, klischee-behafteten Kellerkind-Fraktion durchaus dazu. Wenn ich ganz offen bin: Ich fand Technologie schon immer toll und ich habe auch öfters kalte Pizza vom Vortag gefrühstückt.
10. Mehr darüber sagen wir in unserer Podcast-Folge #017: »Der Bull$h1t vom Agilen Mindset« unter *agilegrowth.de/agiles-mindset*.

Vor allem die großen, störenden »mentalen Sticker« lösen wir dabei gerne abends nach einem Trainingstag ab, um am nächsten Morgen mit einer sauberen Beziehung zu allen erneut durchstarten zu können.

Dabei hilft es uns sehr, sich selbst und den Teilnehmern, denen ein negativer Stempel aufgedrückt wurde, in einem persönlichen Prozess zu vergeben.[11]

Hierzu eignet sich eine passende geführte Meditation einer Meditations-App genauso wie ein Journaling-Prozess[12]. Denn schlussendlich bedeutet jeder von uns verteilte Stempel eine negative Bewertung eines anderen und dessen Verhalten. Das heißt im Umkehrschluss übrigens nicht, dass wir jeden Teilnehmer persönlich mögen. Allerdings ist uns eine brauchbare Arbeitsbeziehung im Seminar so wichtig, dass wir zumindest störende Etiketten wie »Spinner, Freak, Laberbacke, Störer, Hingeschickter« dann doch möglichst schnell wieder loswerden möchten, um uns selbst und den anderen gerecht zu werden.

Und ja, wie oben schon gesagt: Auch wir als Trainer stempeln manchmal Personen negativ ab. Ein noch so guter Trainer kann negative Emotionen empfinden, selbst wenn dies in klassischen Trainingslehrgängen so meist nicht toleriert wird. Für uns ist es jedoch wichtig, Menschen möglichst ganzheitlich zu sehen, dabei sind wir der Überzeugung, dass die negativen Emotionen so oder so da sind und wir lieber mit ihnen umgehen, statt sie zu unterdrücken.

2.2.4 Welche mutige Haltung bringe ich anderen Menschen entgegen?

Es braucht Mut, sich selbst in anderen zu begegnen.

Wir sprachen bisher davon, dass eine gute Trainerin durch die Gestaltung des Seminars und die Auswahl der Übungen viele Erkenntnisse bei ihren Teilnehmern generiert. Doch zum Erleben jedes Menschen tragen auch – und vielleicht sogar noch wichtiger – das *Gefühl von Zugehörigkeit* und das Wissen, *gesehen und gehört* zu werden, bei.

---

11. Sich selbst zu vergeben, mag hier einleuchten, doch was hat mein Teilnehmer damit zu tun? Oft projizieren wir Dinge auf unser Gegenüber, die uns in unserem Selbstkonzept zu schaffen machen. Dem anderen zu vergeben, gleicht der Rücknahme dieser Projektion. Dem anderen zu vergeben, heißt so schlussendlich, mir selbst zu vergeben.
12. Journaling ist ein Verwandter des Tagebuch-Schreibens. Während meine Mutter beispiellos konsequent seit Jahrzehnten die Essenz ihrer Tage niederschreibt, nutze ich, Kai, Journaling eher zum Geist-Aufräumen: Ich schreibe einfach meine Gedanken auf mindestens drei Seiten nieder. Diesen handschriftlichen Text lese ich (fast) nie mehr im Nachgang, es ist eher wie eine kurze Einheit des morgendlichen Gehirn-Freimachens.

Stell dir einmal vor, du wärst als Kind so aufgewachsen, dass du über Jahre den Eindruck gewonnen hättest, in deinen Belangen übersehen und überhört worden zu sein – also nicht genug gesehen und nicht genug gehört worden zu sein. Es war vielleicht, als ob du in einem leeren Klassenzimmer saßt und mit ausgestrecktem Arm und schnippenden Fingern verzweifelt versuchtest, die Aufmerksamkeit eines permanent aus dem Fenster blickenden Lehrers zu erhaschen. Irgendwann trommeltest du noch zeitgleich aufs Pult, aber du kamst weder dran noch wurdest du »gesehen«.

Und nun stell dir vor, ein Mensch mit dieser Vorerfahrung kommt gute 20 Jahre später im Körper eines Erwachsenen mit diesem traurig einsamen inneren Kind in sich in deinen Seminarraum.

Wie werden die Interaktionen wohl ablaufen? Welche inneren »Bedürfnis-Tanks« versucht dieser Mensch immer wieder unbewusst aufzufüllen, die zwei Dekaden vorher hätten befriedigt werden sollen?

Der amerikanische Führungskräftecoach Jerry Colonna zitiert in [Colonna 2019] seine Psychotherapeutin, die immer wieder betonte: **»If it's histerical, it's historical.«** – Wenn ein Verhalten hysterisch wirkt, liegt das an etwas Vergangenem.[13] Das gilt für die Teilnehmenden genau wie für dich. Emotionale Ladung hat in diesem Sinne wenig mit der Gegenwart zu tun.

Wir alle kennen Gefühle von Mangel und Unzulänglichkeit. Abhängig davon, wie du und die Seminarteilnehmer mit der eigenen Vergangenheit aufgeräumt haben, taucht im Verlauf des Kurses vielleicht ein verletzendes Drama auf – oder es zeigt sich eine behutsame Chance auf Heilung, zumindest aber mal eine für Empathie und Respekt.

Sicher, wir sind als Trainer keine Therapeuten. Das ist nicht unser Job. Dazu braucht es eine andere Vor- und Ausbildung. Es reicht, dass wir eine Haltung haben, Mitgefühl empfinden und eine tiefe Liebe für die Menschen spüren, die sich uns anvertrauen, um mit ihnen arbeiten zu können. **Es geht also in den für dich schwierigen Fällen darum, wie du auf die Signale deiner Teilnehmer anspringst.**

13. Persönliche Anmerkung aus dem Erfahrungsschatz des Autorenteams: Wenn du diesen Satz deiner Lebensgefährtin oder deinem Lebensgefährten im Moment innerer Aufgebrachtheit als Weisheit präsentierst, verwandelt sich die grundlegende Wahrheit in dieser Aussage in Sekundenbruchteilen in persönliches Ungemach für den Ratgebenden. Behandle diese Erkenntnis also gern als einen inneren Erfahrungsschatz, der im Moment der Konfrontation jegliche Wirkung verliert – und trotzdem gut zu wissen ist.

Denn egal, welche innere Entbehrung du dir bei deinem Gegenüber in der Vergangenheit ausmalen könntest – sie oder eine andere wird dir irgendwann im Workshop begegnen. Es ist quasi unvermeidbar. Vermutlich sitzt Gott – oder wer auch immer deine spirituelle Quelle darstellt – auf einer Wolke und grinst ein wenig im Wissen darüber, dass alle Menschen diese »eingebauten Entwicklungserfahrungen« erleben dürfen. Einfach so. Auch in deinem Scrum-Training.

Deine (noch) nicht integrierten emotionalen »Baustellen« reagieren dann im Seminarraum schmerzhaft, während die »geheilten Aspekte« deines Geists ruhig und cool bleiben – und Handlungsoptionen haben. Ob du das so klar spürst, hängt dabei eher von deiner Selbstwahrnehmung[14] ab.

Vielleicht merkst du es daran, wie du im Trainingsraum inadäquat oder etwas zu scharf auf Teilnehmer reagierst. Oder vielleicht prägt es sich bei dir so aus, dass du gewisse Menschen nicht so ernst nimmst wie andere. Vielleicht empfindest du abends nach dem Seminar auch einfach nur eine bleierne Müdigkeit oder eine seltsame Gereiztheit. Doch irgendetwas gerät hier innerlich in Bewegung.

Der spirituelle Lehrer Eckhart Tolle spricht hier von »Schmerzkörpern« [Tolle 2000], die wir Menschen besitzen und die resonieren. Wir finden dieses Bild zwar wenig wissenschaftlich, aber als Metapher doch sehr anschaulich, verdeutlicht es etwas, was wir sonst nur beobachtend beschreiben könnten.

Du kennst das vielleicht auch selbst aus eigenen Streitsituationen. Die Aggression oder der Schmerz des anderen stiftet einen an, ebenfalls in die Qualen der eigenen Seele abzusteigen, zurückzufeuern, mitzuheulen oder den anderen fertigzumachen und bewusst zu verletzen. Obwohl es paradox erscheint, empfindet man teils eine diebische Freude und sogar eine Lust daran, auszuteilen und sein Gegenüber niederzumachen. Es scheint so eine Art von Sucht unserer Seelen zu geben, gemeinsam in den Abgrund zu versinken – sich drehende Schmerzkörper eben. Lass uns für ein tieferes Verständnis dazu in ein Beispiel aus einem Seminarkontext eintauchen:

> Es begann schon deutlich vor dem Seminar. Ein Teilnehmer wollte sich einige Wochen vor dem Seminar unbedingt mit mir als Trainer persönlich unterhalten, was eigentlich sonst nie vorkam. Unser Team machte da vorab immer einen super Job und klärte alles ab. Eine Buchung seitens des Teilnehmers stand noch aus, ich

14. Wenn du die Fähigkeit deiner inneren Selbstwahrnehmung stärken möchtest, mag sich ein Blick in Richtung Achtsamkeitsschulung oder achtsamkeitsbasierte Stressreduktion (Mindfulness-Based Stress Reduction, MBSR) lohnen.

ging im gewohnten Vertriebsmodus in dieses Gespräch rein: anhören, was der Teilnehmer braucht, und schauen, ob das Seminar eine passende Lösung für den individuellen Fortschritt desjenigen ist.

Im Gespräch kam eine merkwürdige Frage auf: »Können Sie, Herr Simons, mir versprechen, dass ich im Nachgang Aufträge als Scrum Master bekomme, wenn ich an Ihrer Zertifizierungsschulung teilnehme?« Natürlich verneinte ich das und verwies auf die Selbstverantwortung – und war zunehmend irritiert, ob wir diesem Menschen auf seiner Reise wirklich helfen können. Ein erstes Störgefühl machte sich in mir breit.

Am Wochenende vor dem Seminar bekam ich eine SMS von dem Teilnehmer, dass der Zugang zu unserer Online-Lernplattform für ihn nicht funktionieren würde. Über einige Stunden versuchte ich per SMS vom Familien-Waldspaziergang aus, das Problem des Teilnehmers zu lösen. Als dann sein Ton in den weiteren Mitteilungen immer anklagender und schärfer wurde und ich ad-hoc keine Lösung fand, reichte es mir und ich verwies auf mein Team und den kommenden Montag. Mittlerweile schlug auch der Alarm meiner Frau an, dass irgendetwas seltsam mit diesem Teilnehmer sei. Jasmine war in der Folgewoche als Co-Trainerin mit in diesem Seminar und wir hatten die Vorahnung, dass es Probleme mit ihm geben könnte. Ich war kurz davor, den Teilnehmer noch vor Beginn des Seminars auszuladen.

Im Seminar selbst saß dann selbiger auch nach netter Begrüßung und ein wenig Smalltalk die ersten zwei Stunden mit einer derartig schwarzen Gewitterwolke über dem Kopf auf seinem Platz, dass wir uns als Trainerduo sorgten, dass andere Lernende derselben Gruppe nicht nur etwas elektrisiert, sondern direkt vom Blitz erschlagen würden. Wir hörten Sätze dieser Person in der Gruppenarbeitsphase wie: »Schon das Online-Learning hat nicht funktioniert, ich finde das unmöglich, wie unprofessionell das alles ist hier für den hohen Preis.«

Die Lernatmosphäre im Raum bröckelte unter dem offenen Unmut stückweise immer weiter. Als dann noch ein offener verbaler Kampf zwischen dem Teilnehmer und uns als Trainerteam im Raum entbrannte, der unsere Kompetenz infrage stellte, wussten wir: Wenn dieses Seminar nicht für alle eine Katastrophe werden soll, müssen wir jetzt handeln. In der nächsten Pause passte ich den Teilnehmer ab und bat ihn abseits der Runde zu einem Gespräch. Sie können sich sicher vorstellen, dass ich alles andere als Lust auf diese Minuten hatte – aber sowohl die restliche Teilnehmergruppe als auch unser Seelenfrieden waren es wohl wert.

Ich hörte mir weitere Minuten sein Klagen an. Alles war falsch und schwierig, wie wir es taten. Nach einer Weile des emphatischen Zuhörens brachte ich unsere Position auf den Punkt: »Ich habe den Eindruck, dass wir nicht die richtigen Personen sind, bei denen Sie lernen möchten.« Und kurz darauf: »Gern erstatten wir Ihnen die Teilnahmegebühr zurück.« Das Gespräch lief noch eine Weile, bis wir zu der Vereinbarung kamen, dass man es nochmals gemeinsam versuchen wollte. Etwas unengagiert blieb der Seminargast bis zum Ende, ohne ab- oder zuträglich für die Gruppe zu sein. Auch wenn wir uns natürlich wünschen, dass jeder ideal lernen kann – hier waren unsere Grenzen erreicht. Das eigentliche Thema bei dieser Person schien deutlich tiefer zu reichen als alles, was wir in dieser Situation geben konnten.

Sicherlich eine schwierige Situation für alle. Doch als große Fans von radikaler Selbstverantwortung würden wir so weit gehen zu sagen: **98 % aller Probleme im Seminarraum liegen an uns als Trainern, unserer inneren Verfassung und unseren ungelösten Themen.**

Harter Tobak, das stimmt.

Das würde in diesem Fall bedeuten, dass wir die obige Situation mit erschaffen haben. Uns beschäftigte diese Situation daher auch noch eine Weile nach dem Seminar. **Alle Interaktionen im Trainingsraum bieten so die Chance auf potenzielle Steilvorlagen, um innere Arbeit als Trainer zu machen.** Welche Baustelle du gerade ansehen und integrieren kannst, hängt dabei eher davon ab, wie viele Ressourcen und welchen Fokus du darauf setzt.

Nun, was haben wir aus obiger Situation gelernt? Irgendwie bekamen wir es in diesem Fall durch Einzelgespräche mit dem Teilnehmer in der Pause brauchbar hin und wir nahmen als essenzielle Erkenntnis mit, schon auf ein frühes Störgefühl beim Kontakt mit Teilnehmenden zu achten und intensiver einzugehen. Im Zweifel nehmen wir uns nun vorab lieber einmal etwas mehr Zeit für eine Innenschau, wie wir zu dem bereits beobachtbaren Verhalten angemeldeter Personen stehen, damit eine mögliche Misere nicht bis in den Seminarraum hinein reicht.

Wie schon oben erwähnt, signalisierte unsere Wahrnehmung schon früh, dass etwas in der Beziehung zu diesem Teilnehmer nicht stimmte, und doch ließen wir uns darauf ein. Heute wissen wir, dass es unsere Resonanzen und Muster waren, die der Teilnehmer in dieser Situation ausnutzte, um sein überschwängliches Bedürfnis nach Aufmerksamkeit in der Interaktion zu stillen. Streit schien bei ihm die erlernte Form von erwünschtem Kontakt zu sein. Auch wenn wir streiten wichtig finden, gelingt uns dies nur wirklich konstruktiv auf der Ebene einer tragfähigen Beziehung. Diese konnten wir in diesem Fall nicht herstellen.

Zum Abschluss des gelebten Wertes »Mut« geben wir dir gerne die Reflexionsfrage für den Abend deines Seminartags mit, die wir häufig einsetzen, um daran zu wachsen:

»Wenn ich heute im Workshop emotional getriggert wurde, was in meiner Vergangenheit war der Punkt, an dem ich diese emotionale Ladung gesammelt habe?«

Wie erwähnt ist es schwierig, diese innere Arbeit öfters am Tag und in kurzen Zeitspannen zu machen. Meist bevorzugen wir daher den Abend, eine kurze Pause für uns, in der die Teilnehmenden an einer Aufgabe arbeiten, oder auch einen Spaziergang nach oder statt dem Mittagessen, um den Menschen danach wieder mit Mut und Respekt zu begegnen.

Und auch das klappt nicht immer. Gelegentlich brauchen wir zur Bearbeitung solcher emotionaler Triggerpunkte auch Wochen oder Monate. Während dieser Wachstumsphasen versuchen wir einen kühlen Kopf zu bewahren und unseren inneren Baustellen mit wissender Präsenz zu begegnen: »Ah, da bist du ja wieder«, sagen wir erkennend zu uns selbst. Diese Phasen des Wachsens in einzelnen Themen zählen wir derweil zur Normalität des menschlichen Daseins. Einatmen, ausatmen, weiterwachsen.

2.2.5 Welches Commitment brauche ich gegenüber meinen Teilnehmern?

23 Teilnehmer hatten ursprünglich zu meinem öffentlichen Seminar zugesagt, zwei weitere Projektleiter eines Stammkunden kamen noch am Wochenende kurzfristig dazu. Dieser Kunde war uns wichtig und wir hatten auch einen Rahmenvertrag mit ihm abgeschlossen, der ein Recht auf kurzfristige Seminarplätze stützte. Mein Kurs in Bern war also mehr als ausgebucht. Als einziger Trainer im Raum mit 25 Menschen eine tiefe Scrum-Entdeckungsreise anzuleiten, würde mir einiges abverlangen. Ich wusste, ich komme da nicht mal eben locker durch: Ich brauche hier die nächsten drei Tage mich selbst in meiner besten Verfassung: hellwach, klar, in jeder Hinsicht maximal. Full service, full on.

Dieser Zustand fällt auch für uns Trainer nach vielen solchen Trainings nicht vom Himmel. Er benötigt Arbeit und ein **glasklares Commitment**, das für diese Tage auch außerhalb des Seminarraums eine Bedeutung hat.

Freunde abends treffen? Meistens nicht. Yoga morgens um 06:30 Uhr? Definitiv. Morgenritual: Hell yes! Mittags ein kleiner Salat statt des lecker duftenden Auflaufs? Genau.

Alle diese Veränderungen der sonstigen Gewohnheiten kosten initial Überwindung und eine gute Portion Disziplin – aber das Ergebnis ist es wert: Über zwei oder drei Tage entsteht so ein hohes Energieniveau, wir gestalten einen bedeutsamen Kurs und lassen Menschen angetan von einer neuen Art, Menschen und Produkte zu managen, zurück.

Ein so geglücktes Seminar ist dann umso mehr ein Grund, auf sich selbst stolz zu sein. Wir wollen daher ein wenig tiefer eintauchen, wie du dich fit für deine »Peak Performance« machen kannst, die über mehrere Tage reicht.

Unser Lieblingsrezept für Seminarhöchstleistung

Ärzte und Psychologen bescheinigen einem durchweg ein erhöhtes Sportbedürfnis in Belastungszeiten. Doch sich nach einem Seminartag noch zu bewegen ist dabei leider auch besonders herausfordernd. Oft standest du ja schon die ganze Zeit.[15] Da eignet sich je nach Restenergie eine kleine Laufrunde, 35–60 Minuten Yoga oder im Außeneinsatz auch der Gastbesuch beim Fitnessstudio um die Ecke. Einer meiner ehemaligen Kollegen ging abends täglich eine Stunde nach dem Seminar spazieren.

Falls du also zum »Reisenden Volk« gehörst, wird es spätestens jetzt höchste Zeit, eine eigene reisekompatible Sportart zu finden, die du ohne großen Aufwand aus dem Hut, respektive Koffer, ziehen kannst.

Während Yoga zumindest mit seiner Schlussentspannung schon eine Meditationskomponente besitzt, räumen wir unseren Geist zusätzlich gerne durch geführte oder auch Zen-Meditationen auf. Ohne diese Hilfsmittel hier zu ausführlich zu behandeln, haben wir eine kleine Liste von unseren Lieblingswerkzeugen und Apps online für dich aufbereitet[16].

Unterm Strich kann man sagen: Klarheit im Äußeren kommt von den 90 Minuten, die du im Garten oder der Küche aufgeräumt hast – wo soll dann Klarheit von innen herkommen, wenn wir nicht auch im Inneren entsprechend werkeln? Hinter der ersten gedanklichen Verurteilung der Meditationspraxis als langweilig und esoterisch wartet hier eine Menge persönlicher Fortschritt[17].

Vielleicht beruhigt es dich dabei, dass der tibetische Meditationsmeister Rinpoche schon selbst dazu sagte: »Obschon mir der Gedanke der Meditation und das damit einhergehende Versprechen gefiel, mochte ich die Praxis eigentlich gar nicht« [Tan 2015].

---

15. Auch in unseren Kursen im virtuellen Seminarraum bevorzugen wir oft, im Stehen zu arbeiten. So artikuliert man freier und hält seine Energie hoch. Wer einen Stehschreibtisch hat, darf ihn sehr gerne hier in volle Aktion bringen.
16. Du findest diese Liste unter *agilegrowth.de/meditation*.
17. Unsere Podcast-Folge #011 zu agiler Führung für Hochleistungsteams nimmt dich hier noch ein Stückchen weiter mit: *agilegrowth.de/agile-fuehrung*.

2.3 Über Gestaltung und Begleitung von Lernreisen Ein Gastbeitrag von Björn Jensen[18]

Seit einigen Jahren bin ich in der sogenannten *Trainer Approval Community* (TAC) der Scrum Alliance tätig. Wenn jemand Certified Scrum Trainer (CST) werden möchte, dann ist das die letzte »Hürde«. In einer Prüfung von derzeit 100 Minuten Dauer werden die Kandidaten auf Herz und Nieren in allen Aspekten des Trainerseins geprüft. Und dabei gibt es einige Dinge, die uns in der TAC immer wieder auffallen, die ich dir hier gern mitgeben möchte, da ich glaube, dass sie dir helfen können, als Trainer oder Trainerin zu wachsen.

Ich nutze bei der Gestaltung meiner Trainings gern die Metapher von Lernreisen. Diese Reise besteht aus Personen, die sie gebucht haben – die Teilnehmer –, und die Reisebegleitung – die Trainerin. Außerdem folgt diese Reise einem bestimmten roten Faden – die Lernziele und deren Sequenz. Diese drei Aspekte möchte ich nachfolgend ein wenig näher betrachten.

2.3.1 Outcome über Output

Bei der Gestaltung und Durchführung von Trainings sollten immer die Teilnehmenden im Vordergrund stehen, geht es doch um ihr Lernen und nicht um das des Trainers bzw. der Trainerin. In diesem Kontext kommt es jedoch häufig zu Spannungen, insbesondere dann, wenn der Kunde nicht am Training teilnimmt. Hier gilt es, in der Auftragsklärung schon darauf hinzuweisen, dass man zwar die Lernziele der Lernreise berücksichtigt, die Tiefe der jeweiligen Punkte sich jedoch an den Bedürfnissen der Teilnehmer orientiert. Mir als Trainer bringt es im Grunde gar nichts, wenn ich zwar den versprochenen Inhalt geliefert habe, die Teilnehmerinnen jedoch nichts daraus für ihren Alltag mitnehmen.

Aus diesem Grund habe ich mir angewöhnt, zu Beginn eines Trainings den Teilnehmern fünf Minuten Zeit zu geben, um sich über folgende Frage Gedanken zu machen:

»Worüber müssen wir in den kommenden zwei Tagen[19] reden, damit diese für dich Sinn ergeben und wertvoll sind? Welche Fragen müssen wir klären? Welche Themen adressieren?«

---

18. Unseren Gastautor lernst du sehr persönlich kennen in unserer Podcast-Folge #015: »Goldene Mind-Hacks für Trainer und Coaches« unter *agilegrowth.de/mindhacks* oder auf seiner Internetseite unter *www.jensen-und-komplizen.de*.

19. Angenommen, es handelt sich um ein Training von zwei Tagen Dauer. Ansonsten solltest du den Zeitraum entsprechend anpassen.

Die Antworten darauf werden auf Haftnotizzetteln notiert und wir kommen gemeinsam immer wieder zu ihnen zurück. So bin ich nahe an den Teilnehmenden dran und zeige ihnen, dass es hier um sie geht und nicht um mich oder den Trainingsfahrplan. Außerdem bekommen sie so einen guten Eindruck vom Lernfortschritt innerhalb des Seminarzeitraums. Zusätzlich erwähne ich, dass man jederzeit diese Liste verändern kann. Wenn etwas fehlt, das jemandem erst später auffällt, dann kann das entsprechend ergänzt werden. Sollte ein Thema obsolet geworden sein, so kann man es gern aus der Liste entfernen.

Warum erwähne ich das? Weil ich immer wieder sehe, dass Kursleiter mit dem Betreten der »Bühne« sofort in den Liefermodus gehen. Damit entfernen sie sich automatisch zumindest ein Stück weit vom Auditorium. Man kann diese Distanz durch Storytelling wieder in den Griff bekommen. Wenn man das nicht tut, dann ist das Risiko hoch, die Teilnehmer auf der Lernreise zu verlieren.

2.3.2 Agilität leben

Wer als Trainer die »Bühne« betritt, ist zumindest für den Zeitraum des Kurses Vorbild für die Teilnehmenden. Da ist es durchaus von Vorteil, wenn man das, was man dort weitergeben möchte, entsprechend vorlebt. Und je authentischer, desto besser! Wenn man im Kontext »Agilität & Scrum« Trainings anbietet, dann sollte man Agilität leben. Tut man das nicht, dann wird die Nachricht, die man mit dem Training übermitteln möchte, eher unglaubwürdig und das Seminar kann schnell steril wirken. Was bedeutet das konkret? Meiner Meinung nach beginnt nachhaltige Veränderung von innen bei den Werten. Daraus folgen Prinzipien, denen man treu ist. Diese münden dann in Praktiken, also dem, was wir tun. Was bedeuten also die agilen Werte und die Scrum-Werte für mich als Leitenden? Formulieren wir das Manifest für Agile Softwareentwicklung[20] aus Trainingsperspektive:

> »Wir erschließen bessere Wege, Menschen in ihrer Entwicklung zu helfen,
> indem wir es selbst tun und anderen dabei helfen.
> Durch diese Tätigkeit haben wir diese Werte zu schätzen gelernt:
> Individuen und Interaktionen über Prozesse und Werkzeuge.
> Funktionierende Erkenntnisse über umfassende Dokumentation.

20. Siehe *https://agilemanifesto.org/iso/de/manifesto.html* und mehr darüber unter *agilegrowth.de/agiles-manifest*.

> Zusammenarbeit mit dem Kunden über Vertragsverhandlung.
> Reagieren auf Veränderung über Befolgen eines Plans.
> Das heißt, obwohl wir die Werte auf der rechten Seite wichtig finden, schätzen wir die Werte auf der linken Seite höher ein.«

Das bedeutet für uns als Trainer Folgendes:

Individuen und Interaktionen über Prozesse und Werkzeuge

Die Teilnehmer des Kurses und deren Interaktionen stehen im Vordergrund. Als Trainerin hast du sicher einen prall gefüllten Werkzeugkoffer mit vielen Techniken und Methoden zum Vermitteln von Lerninhalten. Wenn man sich aber in der Situation wiederfindet, dass man z.B. eine LEGO®-Simulation anwendet, weil man selbst gern mit LEGO® spielt, die Teilnehmer jedoch nicht und diese das eher als unseriös abstempeln, dann sollte man vielleicht das Werkzeug ändern.[21] Tut man das nicht, ist man wieder eher bei sich und nicht mehr bei den Teilnehmenden.

Funktionierende Erkenntnisse über umfassende Dokumentation

Was ist dir bezüglich eines Lernziels wichtig? Welche Nachricht möchtest du überbringen und wie könnte es dir gelingen? Woher weißt du, dass es dir gelungen ist? Diese Fragen können dir helfen, die Art und Weise, wie du wann in die Lieferung von Lerninhalten gehst, zu reflektieren.

In diesem Kontext erinnere ich mich an viele Trainer, die ein wahres Feuerwerk an visuellen Hilfsmitteln auf die Teilnehmerinnen veranstaltet haben. Das zeigt zwar die visuelle Kompetenz des Trainers, doch wenn man hier zu viel des Guten tut, dann kann auch das dazu führen, dass man Teilnehmer verliert. Es hilft, wenn du zu Beginn deutlich machst, was von dir als Trainer wie dokumentiert wird. So weiß jeder, was in Eigenleistung zu erbringen ist.

Ein weiteres Hilfsmittel kommt von einer guten Bekannten von mir, die als Graphic Recorderin unterwegs ist: für die Erstellung eines eigenen visuellen Vokabulars. Dazu nimmt man sich pro Tag eine Sache vor, die man visualisieren möchte, und fertigt vier verschieden Visualisierungen an:

---

21. Als ich 2010 in Shanghai war, wollte ich mit einer Gruppe von Managern LEGO® spielen und freute mich schon auf die glänzenden Augen beim Auspacken der vielen bunten Steine. Stattdessen blickte ich jedoch in 20 versteinerte Gesichter ... was war passiert? Die Chinesen in der Gruppe haben in der Kindheit nie mit LEGO® gespielt und waren schlichtweg überfordert. Also: anderes Werkzeug nehmen ...

- Nur Wort (ohne Bild)
- Nur Bild (ohne Wort)
- Wort und Bild

Eine der drei Varianten fertigt man auf zwei unterschiedliche Arten und Weisen an. Das Verknüpfen von Wort und Bild verknüpft zum einen beide Gehirnhälften und sorgt zum anderen dafür, dass man sich durch die »limitierte« Darstellung auf das für sich Wesentliche reduziert. Darum hat man vermutlich nie dieselben Abbildungen für die gleiche Sache, da durch die eigene Erfahrung immer wieder unterschiedliche Aspekte in den Vordergrund rücken.

Zusammenarbeit mit dem Kunden über Vertragsverhandlung

Das ist genau der Punkt, den ich in »Outcome über Output« angesprochen habe. Was wollen die Teilnehmenden aus dem Training mitnehmen vs. was hat der Auftraggeber beauftragt vs. was sind die Lernziele des Bildungsträgers? Hier sollte man als Trainerin Betroffene zu Beteiligten machen. Wie das gelingen kann, dazu habe ich dir mit der Selbstreflexion der Teilnehmer eine Möglichkeit weiter oben gezeigt.

Reagieren auf Veränderung über Befolgen eines Plans

Dann kann es vorkommen, dass in einem Seminar die Teilnehmer ganz andere Erwartungen an das Training haben und diese überhaupt nicht zu den geplanten Lerninhalten passen. Vielleicht wurde sogar das »falsche« Training gebucht. Hier bekommt die Auftragsklärung einen hohen Stellenwert. Hoffentlich hast du hier schon in der Phase der Auftragsklärung Alternativmöglichkeiten identifiziert.

Etwas, das dir helfen kann, ist, dass du dir im Vorfeld darüber im Klaren bist, welche Wirksamkeit du im Seminar entfalten möchtest und was du dafür brauchst. Schreibe dir diese Dinge gern einmal in einer Tabelle auf und versuche, diese für dich in eine absolute Reihenfolge zu bringen. Damit hast du für dich eine Priorisierung gemacht und kannst besser sagen, wo du welche Kompromisse einzugehen bereit bist.

Was mir hier in den Sinn kommt: In der aktuellen Situation, wo Trainings primär virtuell stattfinden, kommt es häufig vor, dass ein Kunde die technische Umgebung, in der das Training durchgeführt wird, bestimmen möchte. Hier solltest du dir absolut im Klaren darüber sein, was geht und was nicht geht. Und mutig genug sein, auch mal »Nein« zu sagen. Denn wenn du gegenüber dem Kunden »einknickst« und versuchst, etwas doch möglich zu machen, was nicht möglich ist, dann wird diese Kompromisserfahrung in das Lernerlebnis der Teilnehmer eingehen und es vielleicht auf eine Art und Weise trüben, die die von dir gewünschte Lernerfahrung verblassen lässt.

Eine weitere Sache, die man als Trainer beherrschen sollte, sind unterschiedliche pädagogische Ansätze zur Vermittlung von Lerninhalten. Wir sehen häufig Trainerkandidaten, die sich primär auf einen einzigen Ansatz fokussieren. Das kann z.B. Frontalunterricht oder »Training from the Back of the Room« sein. Beide Ansätze haben ihre Relevanz, sind aber nicht für jedes Publikum gleich gut geeignet. Sich fließend in verschiedenen pädagogischen Ansätzen bewegen zu können, ist das, was großartige Trainer ausmacht. Hierzu habe ich die Trainer-Kata[22] entwickelt, die genau das trainieren soll. Es gibt sicher alternative Ansätze, die eigenen Fähigkeiten und Fertigkeiten hier zu schärfen. Du solltest die nutzen, die zu dir passt.

Was mir geholfen hat, ist, dass ich mir nach jedem Training Zeit zur Reflexion genommen habe. Unter anderem habe ich mir die vier agilen Wertepaare vorgenommen und mich gefragt, auf welcher Seite ich bei welchem Wertepaar gewesen bin – und in welcher Tiefe. Dann habe ich mich gefragt, was dazu führte und was ein anderer Fokus wie verändert hätte. Und was ich tun kann, um mir der Auslöser früher bewusst zu werden, damit ich aktiv mein Sein in der jeweiligen Situation beeinflussen kann.

Die fünf Scrum-Werte

Zu guter Letzt kann man neben den vier agilen Wertepaaren auch die fünf Scrum-Werte[23] zumindest in den Trainings vorleben:

- Offenheit
- Fokus
- Mut
- Respekt
- Commitment

Auch diese Dinge kann und sollte man sich als Trainerin immer mal wieder ansehen, sich selbst einschätzen und vielleicht auch von anderen einschätzen lassen.

22. In den japanischen Kampfkünsten wie beispielsweise dem Karate sind Katas festgelegte Bewegungsabläufe, die dem Anwender helfen, diese durch ständige Wiederholung zu meistern. Je reifer man ist, desto tiefer gehen die Einsichten, die man aus den Katas gewinnen kann. Es geht bis zur vollständigen Durchdringung der Essenz dieser Abläufe, ihrer Hintergründe und ihrer Anwendung. In der Trainer-Kata übt man, Wissen zu definierten Lernzielen in unterschiedlichen Zeitkorridoren ideal zu vermitteln. Siehe auch *agilegrowth.de/trainer-kata*.

23. Siehe *agilegrowth.de/scrum-guide*.

So kann man Eigen- und Fremdwahrnehmung ein bisschen adressieren und Rückschlüsse auf eigenes Weiterentwicklungspotenzial ziehen.

2.3.3 Die Lernreise

Als Trainer begleitest du die Teilnehmer auf einer Lernreise. In welche Richtung das auch immer sein mag. Was mir in diesem Kontext wichtig ist: Du beeinflusst durch dein Wirken als Trainerin nicht nur die Teilnehmenden in deinem Training, sondern auch deren Kontext. Wenn wir uns also im Kontext des Scrum-Zertifizierungstrainings umschauen, dann geht es nicht nur um 20 Personen, die im Trainingsraum sitzen, sondern mindestens um 20 Teams – und deren Ökosysteme. Wenn als zu jeder Person im Trainingsraum ein Kontext von 20 Personen gehört, so beeinflusst ein Training 400 Personen und Realitäten. Das sollte man sich stets vor Augen halten.

Umso wichtiger ist es, sich Zeit zu nehmen, um sich über die Gestaltung von Lernreisen Gedanken zu machen. Welche Lernziele müssen seitens des Bildungsträgers abgedeckt sein? Was ist dir daran wichtig? Sharon Bowman hat in ihrem Buch »Training from the Back of the Room« [Bowman 2009] die Karte der 4C[24] entwickelt, die ich uneingeschränkt weiterempfehlen kann. Wenn man sich jedoch nicht mit noch einem Buch zum Thema Trainings und Trainingsdesign beschäftigen möchte oder kann, dann hilft auch der Blick auf ein Thema, das die meisten Trainer im agilen Kontext aus eigener Erfahrung kennen: die Moderation von Retrospektiven.

Esther Derby und Diana Larsen haben 2006 das Standardwerk zum Thema Retrospektiven »Agile Retrospectives – Making good teams great« [Derby & Larsen 2006] veröffentlicht. In diesem Buch beschreiben sie die fünf Stufen einer Retrospektive:

1. Die Bühne bereiten
2. Daten sammeln
3. Einsichten generieren
4. Entscheiden, was zu tun ist
5. Die Retrospektive schließen

Und genau diese Stufen gelten in leicht abgewandelter Form auch für Trainings. Angewandt auf einzelne Module deines Trainings würde das Folgendes bedeuten:

24. Siehe auch *agilegrowth.de/4c-maps* oder hier in Kapitel 3, »Die Geheimnisse eines erstklassigen Trainingskonzepts entschlüsseln«.

Die Bühne bereiten

Worum geht es in diesem Modul? Was hat es mit dem vorangegangenen Modul zu tun? Was kommt danach? Es gibt den Teilnehmern Halt, zu wissen, wo man sich gerade auf der Lernreise befindet.

Daten sammeln

Was wissen die Teilnehmerinnen schon? Wo haben sie das vielleicht schon mal erlebt? Der Austausch untereinander und das voneinander Lernen unterstützt das gemeinsame, positive Erlebnis der Lernreise.

Einsichten generieren

Was ist wichtig daran? Hier bist du als Trainer vermutlich aktiver als die Teilnehmerinnen. Hier kannst du wunderbar auf vorangegangene Module verweisen und die Dinge einbringen, die aus deiner Perspektive hier eine wichtige Rolle spielen. Damit erweiterst du den Horizont der Teilnehmer.

Entscheiden, was zu tun ist

Was bedeutet das, was bisher gesagt und erlebt worden ist, für die Teilnehmer und deren Alltag nach dem Training im Einzelnen? Was werden sie ab jetzt konkret wie anders machen? Damit erfolgt der Übertrag aus der »künstlichen« Situation im Training in die Realität im Nachgang. Diese Stufe hat direkten Einfluss auf die Nachhaltigkeit deines Trainings.

Das Modul schließen

Mit diesem Schritt rundest du das Modul ab. Woher kam und stand man noch zu Beginn des Moduls? Was ist jetzt neu bzw. anders? Und wohin geht die Reise im nächsten Modul? Damit eröffne ich in meinen Trainings die Pausen. So wissen die Teilnehmer, wo sie gerade stehen, nehmen das in die Pause mit und erfahren außerdem, was nach der Pause geschieht. Das erhöht auch die Wahrscheinlichkeit, dass die Teilnehmer pünktlich aus der Pause zurückkommen (oder ganz wegbleiben – je nachdem ;)

Das, was ich exemplarisch für ein Modul ausformuliert habe, kann und sollte man auch im Großen verwenden: Wo stehen wir nach den nächsten drei Modulen? Was ist in den letzten fünf Modulen geschehen etc.? Und auch ein ganzes Seminar lässt sich so gestalten.

Was du bei der Gestaltung von Trainings ebenfalls in Betracht ziehen kannst: Welcher Dramaturgie soll denn dein Training folgen? Ist es wie ein James-Bond-Film mit viel Action etc.? Oder eher spielerisch wie ein Pixar-Film? Die gewünschte Dramaturgie deines Trainings hat direkte Auswirkung darauf, an welcher Stelle welches Modul kommt, wie die Übergänge gestaltet sind und wie das Modul an sich erlebt wird. Dan Pink, der uns schon einiges über Motivation erzählt hat, erläutert in seinem Buch »To sell is human« [Pink 2013] unterschiedliche Formate, um Dinge – also auch Ideen – zu verkaufen, und folgt dabei auch unterschiedlichen Dramaturgien. Schau's dir an – es lohnt sich.

3 Die Geheimnisse eines erstklassigen Trainingskonzepts entschlüsseln

Jeder Mensch lernt anders. Ein erstklassiges Trainingskonzept zielt auf ideales Lernen aller Teilnehmer ab. In unseren Trainerausbildungen haben wir verschiedene Konzepte kennengelernt, um Informationen didaktisch so aufzubereiten, dass diese auch beim Gegenüber ankommen.

Während der *4mat*-Ansatz von Bernice McCarthy [McCarthy & McCarthy 2006] darauf setzt, dass verschiedene Menschentypen unterschiedliche Informationsarten spannend finden, haben wir im folgenden Trainerleitfaden Elemente des Modells »Training from the Back of the Room« von Sharon L. Bowman [Bowman 2009] gewählt, das bereits im vorherigen Gastbeitrag von Björn Jensen kurz erwähnt wurde. Dieser Ansatz orientiert sich an aktueller Lernforschung und hat verschiedene Kniffe, um ideales Lernen zu fördern. Unterm Strich würden wir die Grundintention so zusammenfassen:

> Je mehr eine Teilnehmerin Dinge selbst tut, umso mehr wird sie es auch behalten.
> Je mehr Energie sie selbst investiert, umso mehr wird es ihr eigenes Wissen.

Der in den folgenden Seiten beschriebene Trainerleitfaden basiert auf einigen der Schlüsselkonzepte dieser Philosophie. Wir unterteilen dabei alle Lerninhalte grundlegend in einzelne Module, die wiederum jeweils aus vier verschiedenen Quadranten bestehen. Jedes Modul besitzt also ein konkretes Lernthema (z.B. »Product Backlog«) und jeder Quadrant hat einen eindeutigen Zweck in der Vermittlung des Lernthemas (einen der nachstehenden »4C«):

- **Connection (C1)**
  Eine Verbindung der Lernenden des neuen Themas mit bestehendem Wissen herstellen

- **Concepts (C2)**
  Die neu zu erlernenden Konzepte auf einer mentalen Ebene durchdringen

- **Concrete Practice (C3)**
  Die neuen Ideen in der Praxis ausprobieren, um das theoretische Wissen mit Erfahrungen zu verankern
- **Conclusion (C4)**
  Den Transfer des Erlernten in die Praxis des Teilnehmers vereinfachen

Durch diese Art der Strukturierung hast du eine klare Verankerung, welche Intention du eigentlich als Lehrender gerade verfolgst. Des Weiteren hilft diese Struktur dann eben auch beim Verinnerlichen der Lerninhalte. Eine Win-win-Situation sozusagen.

Gelegentlich wirst du merken, dass wir die konkrete Praxis (C3) vor die Konzepte (C2) schieben. Dies machen wir mit Absicht, um Referenzerfahrungen bei den Teilnehmern zu schaffen. Aus diesem am eigenen Leib Erlebten leiten wir dann im Nachgang die Theorien fast selbsterklärend ab. Im Trainerleitfaden erkennst du diese Vorwegnahme des dritten Quadranten auch an einem großen Pfeilsymbol, das die Ablaufrichtung somit deutlich sichtbar verändert.

Des Weiteren haben alle Seiten im Trainerleitfaden, die lediglich den Ablauf des Seminars thematisieren, zwar ein ähnliches Seitenlayout, aber keine explizit genannten »C1«- bis »C4«-Quadranten, da dort diese Logik nicht greift. Alle Inhaltsmodule mit zu vermittelnden Inhalten benutzen aber durchgängig wie erwähnt das »4C«-Format.

3.1 Das gute Gefühl eines klaren Plans

Führung braucht Klarheit und (Selbst-)Sicherheit. Während deines Seminars obliegt dir die Führung. Deine Teilnehmer verlassen sich auf deine Expertise, deine Übungen und deine Interventionen. Du schützt den Raum und steuerst die Interaktionen mit deiner Intention mit. Da bietet es sich natürlich an, für ein erstklassiges Training auch ein überzeugendes Konzept in der Tasche zu haben.

Die gute Nachricht: Wir haben in den letzten 14 Jahren gemeinsam mit anderen die Vorarbeit erbracht, die ein solides Scrum-Seminarkonzept braucht. Du kannst dieses Konzept in den allermeisten Situationen eins zu eins umsetzen und genau damit starten.

Wir würden aber auch ein Geheimnis für uns behalten, wenn wir dir nicht sagen würden, dass es ab einer gewissen Erfahrung mit diesem Konzept durchaus Sinn ergibt, deine eigene Variante zusammenzustellen.

Mittlerweile spielen wir mehr mit den Ideen und Konzepten dieses Leitfadens, als dass wir ihn immer exakt eins zu eins umsetzen. Manchmal liegen die Bedürfnisse der Teilnehmenden etwas abseits des Plans und wir gehen dann auf die Spezialthemen ein oder wandeln das Training entsprechend ab.

Nichtsdestotrotz haben wir genau diesen Fahrplan immer in der Tasche, denn er gibt uns Sicherheit, er funktioniert und er ist für uns zu einem Fundament geworden, auf dem wir gerne aufbauen. Also lass uns zu diesem Zeitpunkt unser erprobtes Konzept als Ausgangsbasis nehmen, damit wir daran strukturiert die Vermittlung von Scrum erfahren können. Im Nachwort gehen wir dann nochmals auf deine eigene weitere Reise mit diesem Konzept ein.

Wir wollen nun also gemeinsam in unser zweitägiges Scrum-Zertifizierungstraining[1] einsteigen. Der Trainerleitfaden wird dir dabei immer wieder aufzeigen, an welcher Stelle des Seminars wir stehen und was als Nächstes kommt.

Prinzipiell erleben unsere Teilnehmenden eine Lernreise, die schon mit der Seminarbuchung beginnt und sich in mehreren Schritten von der Vorbereitung über das Seminar hin zur Nachbereitung zieht.

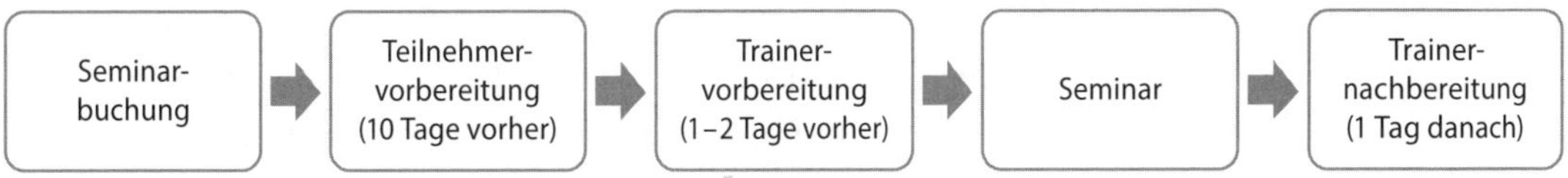

Abb. 3–1 Eine typische Lernreise unserer Teilnehmenden

3.2 Hinter den Kulissen

Ein Konzert beginnt weit vor den jubelnden Fans, eine Politikshow vor deren Liveaufzeichnung und ein Scrum-Training vor dem Präsenz- oder Remotetermin. Auf den nachstehenden Seiten geht es um all die Dinge, die wir vor unserem Seminar bereitstellen können, damit wir wirkungsvoll agieren und eine gute Zeit haben.

3.2.1 Die ideale Startposition beziehen

Wir geben zu, wir sind Fans von Ritualen. Ein bis zwei Tage vor einem Training arbeiten wir die Vorbereitungscheckliste ab. Wann sonst kann man noch klaren Routinen und gleichartigen Abläufen folgen, wenn man nicht gerade ein Pilot ist?

1. Du kannst dieses Konzept natürlich auch für nicht zertifizierte Seminare nehmen. Es gibt mittlerweile über 100 Zertifizierungen in der agilen Community. Wir halten unsere Seminare im System des größten Dachverbands der Scrum-Praktiker weltweit, namentlich der Scrum Alliance.

Unsere Welt ist so chaotisch und bunt geworden, dass es richtig erfrischend ist, einen mentalen Prozess wie den eines neuen Seminars mit der immer gleichen Routine zu beginnen.

Dies hilft auch automatisch dem Gehirn dabei, in den richtigen Zustand zu kommen. In etwa so, wie wenn wir uns vor unserer LinkedIn-Liveshow schick machen. Das signalisiert dem Gehirn: »Jetzt ist Interviewzeit.« So ähnlich ist es, wenn man eine Checkliste benutzt:

> Dienstag steht ein Certified Scrum Master®-Seminar an. Ich drucke meine »Checkliste Kursvorbereitung«[2] aus, gleich werde ich Punkt für Punkt ausführen und dann jeweils abhaken. Von meinem Homeoffice aus drucke ich so Namensschilder und die Teilnehmerliste aus und packe noch dazu ein paar Seminar-Goodies ein: ein Lautsprecher für die Pausenmusik, eine alte Canon-AE-1-Kamera als Symbol für die ersten Produkte, die mit einem Rugby-Ansatz entwickelt wurden, sowie einen Time Timer, um meine Übungen zeitlich zu begrenzen. Ein paar witzige Moderationsbälle kommen auch noch dazu. Ich lese mir die Antworten der Teilnehmenden am Kurs auf den Vorbereitungsfragebögen durch. Es sind zwei ziemliche Skeptiker dabei, alle anderen haben wohl Lust auf das Training oder stehen irgendwo dazwischen. Ich kenne die üblichen Bedenken der Argwöhnenden, lese dennoch aufmerksam nochmals alle Kommentare und markiere mit einem grünen Textmarker Besonderheiten, Themenwünsche und Erwartungen. Alles zusammen wandert durch routinierte Handgriffe in meinen Rucksack – ich fühle mich einsatzbereit.

Solch eine kleine Checkliste wirkt hier mentale Wunder und hilft dabei, sich auf das Seminar einzustimmen. Stell dir am besten deine Version der Packliste zusammen, sofern du eine solche noch nicht hast. So ausgestattet gehst du dann mit dem guten Gefühl in dein Seminar, dass du alles Wichtige dabei hast. Im Trainingsraum warten sowieso noch genug unkontrollierbare Überraschungen.[3] Deshalb ist es durchaus sinnvoll, dass du die eigene Vorbereitung nicht dem Zufall überlässt.

---

2. Du kannst diese Checkliste unter *agilegrowth.de/kurscheckliste* herunterladen.
3. Unser persönliches »Highlight« war bisher der Seminarraum, der direkt über einer Werkshalle lag. Alle acht Minuten donnerte ein schwerer Lastenkran unter uns durch, sodass man sein eigenes Wort kaum verstand. So bekam man bereits ungewollt ein gutes Gespür für einige Herausforderungen bei diesem Kunden.

3.2.2 Wann dein Training wirklich beginnt

Dein Seminar beginnt idealerweise bereits vor dem Remote- oder Präsenztermin, denn jedes Lernen braucht Vorbereitungs- und Verarbeitungszeit. Daher dürfen wir uns eher eine Lernreise vor dem geistigen Auge vorstellen, die einige Wochen oder Monate dauert, als lediglich eine zweitägige Druckbetankung. Diese Lernreise lebt für unsere Teilnehmerinnen davon, an verschiedenen Punkten Inhalte, Aufgaben und Betreuung zu erhalten.

Aus der Praxis hat sich für Scrum-Einstiegsseminare eine grundlegende Begriffslektüre als gute Vorbereitung für die Teilnehmer eingebürgert. Wir bitten unsere Teilnehmenden daher, im Vorfeld den Scrum Guide[4] zu hören oder zu lesen und mögliche Unklarheiten zu notieren.

Welche anderen Kontaktpunkte, Lernaufgaben oder Reflexionsfragen du im Vorhinein noch anbietest, hängt eher von deiner machbaren Zeitinvestition und deinem Qualitätsverständnis ab als davon, was didaktisch sinnvoll ist. Auch ein kurzes Onlinetraining »aus der Konserve« ist vorab möglich und setzt mitunter einen guten Rahmen. Hier geht es inhaltlich um Herkunft, Grundidee und Kernelemente von Scrum.[5]

Bei Inhouse-Workshops führen wir gerne auch mal im Vorfeld kurze Gespräche mit den Teilnehmenden, bevor das Seminar stattfindet. Es handelt sich dabei meist um viertel- bis halbstündige Videoanrufe, in denen wir uns ein erstes Bild der Lage jedes Einzelnen verschaffen. Das hilft uns bereits, erste Beziehungen aufzubauen und den Trainingsinhalt individuell auf die Menschen abzustimmen. Insofern beginnt auch dann das Seminar ebenfalls schon mit diesem ersten Kontakt zu uns als Trainern.

Wir haben es zudem als positiv erlebt, den Teilnehmern vorab eine Mitteilung zu schicken und sie daran zu erinnern, für die gesamte Zeit des Trainings anwesend zu sein. Denn vereinzelt abwesende Teilnehmer üben immer einen nachteiligen Effekt auf die Gesamtgruppe wie auch auf die Kernerfahrung jedes Einzelnen aus. Bei einer solchen Vorbereitung sind Kurse oft sehr intensiv und die Teilnehmer, die nicht zwischendurch E-Mails checken müssen, parallel an anderen Terminen teilnehmen oder zwischendurch andere Dinge erledigen wollen, nehmen eine intensivere und für sich selbst zufriedenstellendere Lernerfahrung mit.

---

4. Siehe *https://www.scrum.org/resources/scrum-guide* bzw. nachlesbar unter *agilegrowth.de/scrum-guide*.
5. Ein Beispiel dafür findet sich unter *agilegrowth.de/ueberblick*.

3.2.3 Raum, Unterlagen, Logistik

»Hast du noch ein Flipchart irgendwo stehen?«

Wenn wir auf die Jahre in Seminar- und Workshopräumen zurückblicken, haben wir wohl mehr »gehausmeistert«, als es uns lieb war. Gerade Inhouse-Kunden waren oft nicht in der Lage, unsere speziellen Wünsche an Seminarflächen im Vorhinein umzusetzen. Oft ging die Aufbaucheckliste in der Flüsterpost des Großunternehmens einfach unter, meist fehlte jemand, der die Verantwortung dafür übernahm. So fanden wir uns regelmäßig dabei wieder, Flächen anders zu bestuhlen, Tische zu rücken und zusätzliche Flipcharts zu organisieren. Doch wieso haben wir uns das angetan, teils wörtlich im Schweiße unseres Angesichts an einem oft eh schon stressigen ersten Seminartagmorgen einen Raum neu zu bestuhlen, falls wir erst am Seminartag anreisten?

Systeme prägen, wie sich Menschen verhalten. Der amerikanische Physiker W. Edwards Deming formulierte dies etwas spitzer: »Ein schlechtes System wird einen guten Menschen jedes Mal übertrumpfen« [Deming 1993].

Die Frage, die unsere Umbauten hier also vorantreibt, kann man folgendermaßen zusammenfassen: »**Wie kann ein gutes System aussehen, das es ermöglicht, für unsere Lernenden das ideale Ergebnis zu erzeugen?**«

Ein Stuhlkreis erzeugt eine andere Dynamik als Tischgruppen, Monitore vor jedem Teilnehmer einen anderen Effekt als Kleingruppenarbeit am Flipchart. Du kennst das sicher selbst noch aus Schule und Vorlesungen: Man neigt dazu, sich berieseln zu lassen und weg zu dösen, wenn das System so aufgebaut ist, dass es sich zentralistisch mit Blick nach vorne ausrichtet.

Aus unserer Erfahrung ist der in Abbildung 3–2 dargestellte Aufbau für Seminare bis zu 18 Teilnehmern hilfreich, um ein sehr gutes Ergebnis für unsere Teilnehmer zu erzielen. Mit einem weiteren Lerngruppentisch können 24 Personen sinnvoll teilnehmen.[6]

Grundsätzlich gibt es eine vorwiegend von uns als Trainer genutzte Fläche im Raum, die mit zwei Flipcharts, einem Stehtisch und gelegentlicher Beamer-Nutzung vor allem der Vermittlung von kurzen Lernimpulsen dient. Eine Metaplanwand oder ein Stück freie Fläche dient als Agenda, die wir später im Format eines Product Backlog ausarbeiten werden.

Bei Gruppen bis zu 15 Personen arbeiten wir zusätzlich gerne auch im Stuhlkreis. Dies muss im Aufbau und der Wahl des Raumes dann entsprechend eingeplant werden. Durch unsere Trainerausbildungen hatten wir viele Gelegenheiten,

6. In diesem Fall bevorzugen wir es allerdings, mindestens zwei Trainer im Seminarraum zu sein, damit individuelle Themenstellungen hinreichend adressiert werden können.

auch andere Seminarleiter in Aktion zu sehen. Zusammenfassend haben wir den Eindruck gewonnen, dass der Raumaufbau schlussendlich zum Konzept und der Person des Trainers genauso passen muss wie zu den Bedürfnissen der Teilnehmenden. Durch wachsende Erfahrung stärkt sich die eigene Intuition dafür, wie ein Seminarraum verändert werden kann, um seinen Zweck zu erfüllen.

> Der Raum war doppelt so groß, wie die Fläche, die wir benötigt hätten. Hell, freundlich, mit modernem Equipment ausgestattet – aber leider viel zu groß. Unsere 12 Teilnehmenden wären verloren gegangen in der Größe des Raums. Wir brauchten mehr Intimität, wenn wir irgendwie dahin kommen wollten, aus Fremden Lernteams zu machen. Am Raumende standen haufenweise Moderationswände vor einem Berg von Stühlen. Wir rollten sechs dieser Wände nebeneinander in die Hälfte der Fläche hinein. Diese Wände im Rücken der Teilnehmer schafften es, eine Art Schutz und Intimität auszustrahlen, auch wenn es nicht wirklich gemütlich wirkte.

Wir möchten dich an dieser Stelle ebenfalls ermutigen, mit deiner Raumgestaltung zu experimentieren. Was passt für dich als Trainerin und deinen Trainingsstil? Welche Arbeitsmodi möchtest du betonen? Was passt zur Größe deiner Gruppe?

Der Raumaufbau sagt dabei übrigens nichts darüber aus, dass es auch mal Aktivitäten in Paaren, in gemischten Kleingruppen oder in Großgruppen geben kann. Stühle sind schnell bewegt und auch an Stehtischen oder in einer Sofaecke, selbst beim gemeinsamen Spazieren im Freien, kann eine Übung hervorragend klappen.

Wenn du sehr mutig bist, besteht auch die Möglichkeit, den Seminarraum mit den Trainingsteilnehmern gemeinsam zu gestalten und umzubauen oder es ihnen selbst zu überlassen. Das ist dann der erste Programmpunkt deines Kurses. Es hat den schönen Effekt, dass die Teilnehmenden direkt mental im Seminar ankommen und für sich selbst lernen, eine optimale Lernumgebung zu schaffen. Außerdem kannst du dann als Seminarleiter potenziell in letzter Minute in den Seminarraum kommen, was dem ein oder anderen sicher liegt, aber definitiv nicht zu unseren Favoriten gehört.

Wir persönlich sehen uns eher als gestaltenden Gastgeber und stellen da unsere Bedürfnisse in den Vordergrund, aber das ist unser individueller Stil, den wir über die Jahre so für uns ergründet haben.

Sollte ein Barhocker in der Location vorhanden sein, gibt das von uns drei ideelle Extrapunkte bei unserem Schwärmen vom bisher schönsten Raum, da die leicht erhöhte Sitzposition angenehm ist, um mit allen Teilnehmern Augenkontakt zu halten, und die Lebendigkeit des Seminars auch von unserer physischen

Bewegung abhängt. Hier gilt quasi »der Energieerhaltungssatz der Moderation«: **Wenn du dich viel bewegst, bleiben auch deine Teilnehmer mit ihrer Aufmerksamkeit bei dir.** Der Barhocker erhöht die Chance, nur kurz zu sitzen, und bewahrt gleichzeitig die Wirbelsäule vor einem ganzen Tag des Stehens.

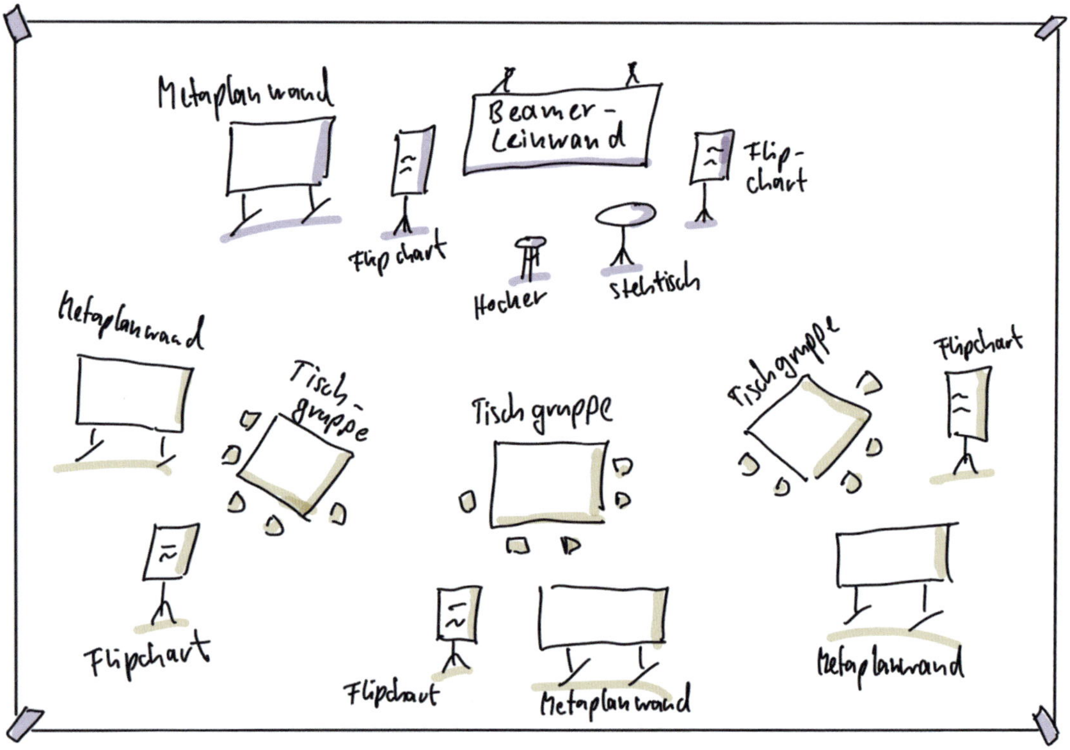

Abb. 3–2 Ein Seminaraufbau, wie wir ihn bei Gruppen von 18 Teilnehmenden mögen.

Die Teilnehmer sitzen als Lernteams bei diesem Design an Tischgruppen, die einen direkten Kontakt untereinander begünstigen. Jeder Tisch hat dabei seinen eigenen Arbeitsbereich aus Flipchart und Metaplanwand zur Verfügung, um Übungen autonom zu bearbeiten und ebenfalls oft in die Bewegung zu kommen.

Dieses Setup braucht relativ viel Platz. Bisweilen fahren wir gut mit der Daumenregel, dass wir einen doppelt so großen Raum brauchen wie in der Auslastungsempfehlung angegeben.

Auf jeden Tisch legen wir zu Beginn entsprechende Teilnehmerunterlagen aus. Wir bevorzugen dabei eine gedruckte Version des Scrum Guide sowie ein leeres Notizbuch samt Kugelschreiber sowie ein wenig Marketingmaterial.[7] Da viele Inhalte interaktiv entstehen, ist ein klassisches Arbeitsheft nur sinnvoll, wenn du intensiv damit arbeitest – sonst fragen sich nach dem Seminar einige, wieso manche Seiten leer blieben. Unser Konzept kommt daher ohne ein solches Heft aus.

Spätestens beim 20. Kurs an einem anderen Ort denkst du vielleicht auch darüber nach, **die Teilnehmerunterlagen vorab an den Seminarort zu senden.** Ein Trainer mit kaputtem Rücken hat eine schwere Zeit – ohne die Fähigkeit, länger zu stehen, wird es mühsam. Und auch unser abendliches Yoga nutzen wir lieber zur Aufarbeitung des Stehpensums statt zur Kompensation des mühsamen Teils der Logistik. Solange du damit leben kannst, dass gelegentlich mal kein Kurspaket zu finden ist, weil es irgendwo verschollen ging, ist das eine große Erleichterung.

3.3 Der erste Trainingstag

Für deine Teilnehmer bedeutet der erste Trainingstag ein neues oder erneutes Kennenlernen von Scrum. Daraus entspringt der Wunsch, besonders an diesem ersten Tag eine große Referenzerfahrung zu schaffen, die in der Tiefe wirkt und vieles »durch das konkrete Tun« erklärt.

Eines der stärksten didaktischen Konzepte, das wir gerne einsetzen, ist die sogenannte »**Anwendung auf sich selbst**«. Wir demonstrieren dabei die Wirksamkeit eines Mechanismus, indem wir diesen direkt selbst nutzen. Das erübrigt die meisten Fragen, denn jeder konnte bereits sehen und spüren, dass etwas in der Praxis funktioniert hat.[8] Zu dieser Art und Weise, wie wir Scrum vermitteln, könnte man auch sagen: **Wir wollen Scrum durch Scrum vermitteln.**

Auf der ersten Inhaltsseite des Trainerleitfadens geht es also genau darum: einen Rahmen aufzubauen, der Scrum durch Scrum vermittelt. Unser Produkt ist das Wissen der Lernenden, unsere Agenda flexibel wie ein Backlog, unsere Werkzeuge im Rahmenwerk verankert und unsere Teams bald heiß darauf, endlich Wert zu liefern.

7. Wenn du schöne Kleinigkeiten besitzt, die deinen Teilnehmern Mehrwert bieten und die gut bei Seminaren außerhalb dorthin versendet werden können, sind der Kreativität hier keine Grenzen gesetzt. Von Trinkflasche bis Stofftier (!) haben wir hier schon alles gesehen.

8. Du kannst natürlich genauso zeigen, dass etwas in der Praxis so nicht funktioniert. Das hängt dann eher davon ab, was genau du vermitteln möchtest. Blöd wird es erst dann, wenn man während der Demonstration gemeinsam herausfindet, dass etwas nicht klappt, was eigentlich hätte klappen sollen … Improvisationstalent ahoi!

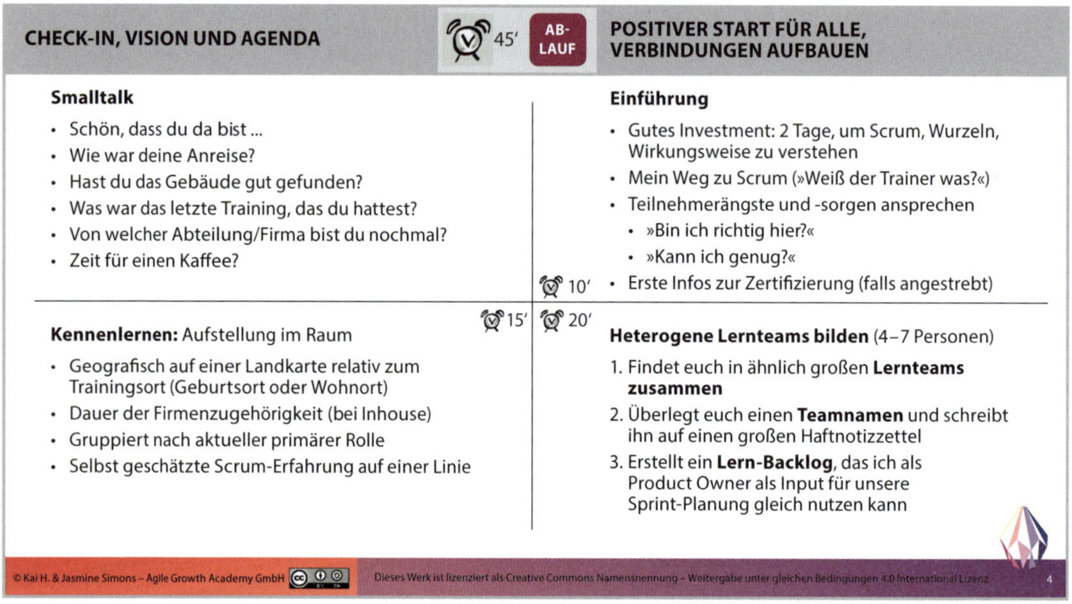

Abb. 3–3 Trainerleitfaden Seite 4: Check-in, Vision und Agenda

Smalltalk – ins Gespräch kommen

Es ist Dienstagmorgen, 08:11 Uhr in Bern. Das Training beginnt erst in über einer Stunde, um halb zehn. Ich habe die Materialkiste seit guten fünfzehn Minuten offen und verteile die Unterlagen. Ein lässig angezogener Mann um die 40 betritt den Raum mit einem schnellen Schritt. Ich lasse das Material auf einem Tisch liegen und gehe freundlich auf ihn zu, sage »Guete Morge«[9].

Das war es dann mit der Vorbereitung, denn **das Training beginnt, sobald der erste Teilnehmer den Raum betritt** – ob es uns gefällt oder nicht. Egal, was wir noch zu erledigen hatten: Unsere Pflicht als Gastgeber beginnt in genau jenem Moment. Denn überlege einmal: Was würden deine Teilnehmer über dich und dein Seminar denken, wenn du weiterhin mit dem Rücken zu der Person an Flipcharts malst und an der Technik bastelst. Fühlt sich eine Teilnehmerin da willkommen? Vertraut sie deiner Führung für die nächsten Tage in Bezug auf eine neue Arbeitswelt, wenn du diesen ersten Kontakt nur beiläufig wahrnimmst? Du

9. Das schweizerdeutsche Äquivalent zu »Guten Morgen«. Wir könnten jetzt bei einem Aperó sicher trefflich darüber diskutieren, ob man das als Deutscher so in Mundart tun sollte …

merkst da schon unsere eindeutige Haltung: Individuen und Interaktionen sind wichtiger als Prozesse und Tools. Wir wenden uns daher unseren Gästen im Moment des Ankommens zu.

Im Trainerleitfaden führen wir einige Anregungen für erste Gespräche im Seminarraum auf. Du darfst da natürlich deinem eigenen Gespür trauen, wie genau du eine erste Beziehung aufbaust. Das ist übrigens nicht nur eine nette Geste, sondern auch als Trainer deine später auszahlende gruppendynamische Lebensversicherung: **Wenn Dinge grandios schiefgehen, werden Menschen aus deiner Teilnehmerschaft dich als Trainer vor anderen in Schutz nehmen, wenn du vorher eine gute Basis aufgebaut hast.** Selbst wenn nichts schiefgeht, tut es einfach gut, das zu wissen: Du bist hier im Seminar zwar exponiert, aber in Sicherheit. Du kannst dich hier zeigen. In gewisser Weise gehen hier also Menschlichkeit und Opportunismus Hand in Hand.

Wir sind der Überzeugung, dass ein gutes Seminar davon lebt, dass du dich immer wieder verletzlich zeigen kannst, nicht zuletzt in den Geschichten, die du über dich, was dich gerade bewegt und deine Scrum-Erfahrung erzählen wirst. Deswegen ist es umso wichtiger, dass du dir bereits zu Beginn eine für dich angenehme und sichere Atmosphäre im Trainingsraum schaffst. Das beginnt beim Ordnen der Stühle und beim Vorbereiten deiner Bühne als Trainer. Wir haben hier immer wieder ganze Trainingsräume umgebaut, einfach weil es sich für uns falsch angefühlt hat, dort zu stehen, wo das Facility Management uns hin platziert hat – und es geht eben damit weiter, dass wir die Teilnehmer herzlich begrüßen und auch ihnen somit einen sicheren Raum bieten.

Für uns hat es sich als sehr wertstiftend herausgestellt, bei Präsenzseminaren **ein kleines Frühstück für die Teilnehmer zu organisieren, das eine halbe Stunde vor offiziellem Seminarstart beginnt.** Somit können die Teilnehmer in einer gelassenen und gemeinschaftlichen Atmosphäre ankommen. Sie haben gleich zu Beginn einen netten Start und Gelegenheit zum Networking. Zudem entlässt uns ein bereits vorbereitetes Frühstück schnell wieder aus der aktiven Gastgeberrolle. Wir können, wenn unbedingt nötig, dann eben doch noch schnell das eine oder andere im Raum herrichten, denn auch wir sind hin und wieder spät dran. Win win.

3.3.1 Eröffnen mit einem Paukenschlag

Eröffnung

Du hast Schopenhauers Ausspruch sicher[10] schon gehört: »Es gibt keine zweite Chance für den ersten Eindruck.«

Welchen Eindruck möchtest du als Trainerin vermitteln? Uns ist es wichtig, **kompetent, selbstsicher und klar** wahrgenommen zu werden. Außerdem finden wir es gut, wenn die Teilnehmer intuitiv erkennen: »Hey, die könnte mir vielleicht etwas beibringen, **ich habe zwar Respekt vor der Wanderung, aber die kommt für mich als Wanderführerin meiner schon mal infrage.**«

Aus dieser Intention heraus geht es also darum, in den ersten Minuten einen vertrauensvollen Kontakt zu allen Teilnehmern aufzubauen.

Dazu eignet sich besonders eine persönliche Geschichte[11], die erkennen lässt, weshalb genau du der »richtige Wanderführer« für deine Zuhörer bist. Welche Erfahrungen hast du in der Vergangenheit gesammelt, die du mit deinen Zuhörern teilst? Welche Hindernisse hast du in der Praxis gesehen, die deine Teilnehmer so oder so ähnlich ebenfalls kennen? Was ist deine Intention, Scrum zu vermitteln? Donald Miller zeigt ein Kommunikationskonzept auf, das die eigenen Erfahrungen in einer Art *Heldenreise* für unsere Kunden ausdrückt [Miller 2017].

Wenn du dich entsprechend als Begleiter zur Erreichung von mehr Meisterschaft in Sachen Agilität positionieren willst, sind nach Millers Darstellung zwei Punkte als Auswahlkriterien für den passenden Helfer besonders relevant:

1. Was gibt dir die **Autorität**, als Begleiter auf der agilen Reise gelten zu dürfen?
2. Inwiefern hast du die Situationen, in denen deine Teilnehmer waren, schon selbst erlebt, kannst also **empathisch** auf diese eingehen?

Wir gehen danach gerne über unsere Geschichte hinaus. Unsere Teilnehmer wollen zwar von uns lernen, doch geht es den meisten Menschen primär um den eigenen Fortschritt – sprich: Es hilft, die Situation der Teilnehmer anzusprechen und sie von dort aus in das Seminar zu führen.

---

10. Fairerweise muss man sagen, dass nicht 100 % sicher ist, dass Arthur Schopenhauer dies genau so gesagt hat – im Lichte seines Essays »Religion; A Dialogue« könnte es aber durchaus sein: »An odor affects us only when we first come in contact with it, and the first glass of wine is the one which gives us its true taste: in the same way, it is only at the first encounter that a face makes its full impression upon us.«
11. Du kannst Kais Seminareröffnung unter *agilegrowth.de/trainingsbeginn* hören.

Wir finden es hilfreich, uns vor unseren Kursen ein wenig Zeit zu nehmen, um unsere Eröffnung tatsächlich konkret zu planen. Wenn du aktuell noch keine oder gerade keine Trainings gibst, also nicht in der Praxis üben kannst, kannst du dein Intro auch mit einem Smartphone als Audio- oder Videoaufnahme mitschneiden und anhören, ob es für dich funktioniert. Auch Kolleginnen geben da sicher gerne ihr Feedback dazu. So kannst du im Zweifelsfall in den ersten für dich nervösen Minuten des Seminars das wiedergeben, was du schon vorher erdacht und geübt hast. Im Idealfall beruhigt dich das genauso wie die Zuhörenden.

Eine alternative Version des Seminarbeginns ist es, von Anfang an durch ein Stück Selbstoffenbarung in Beziehung zu den Teilnehmern zu treten. Dazu teilen wir eine Geschichte, einen Gedanken oder eine Situation, die für uns in Bezug zu diesem speziellen Training steht.

> »Als ich heute Morgen darüber nachdachte, seit Längerem mal wieder ein Seminar für eine staatliche Organisation wie eure hier zu halten, fiel mir auf, dass ich letztens mit unseren Kindern versucht habe, …«

Mit solch einem persönlichen Einstieg nehmen uns unsere Seminarteilnehmer vom ersten Augenblick an als nahbare Menschen wahr. Manchmal teilen wir auch unsere persönliche Intention für diesen Kurs oder welche Gedanken wir beim Durchlesen der Vorbereitung hatten.

Hier wandelt man seine Eröffnung also so ab, wie sie gerade zu einem, zu der Situation und der des jeweiligen Kurses passt. Aber auch diese Eröffnung planen wir meistens erst kurz vorher, gegen 7:00 Uhr beim Frühstück im Hotel, oder aber spätestens wenn wir den Raum für die Teilnehmer herrichten bzw. beim Kaffeemachen, bevor wir uns digital einloggen.

Zusammenfassend darf deine Eröffnung also gerade lang genug sein, um das Interesse deiner Teilnehmenden zu wecken und ihnen das Gefühl zu geben, in guten Händen zu sein. Schlecht funktioniert es meist, wenn zur Eröffnung der ganze Lebenslauf auf den Tisch kommt – außer du bist ein Oscar-nominierter Hollywood-Filmstar, dann lassen wir das als unterhaltsam durchgehen.

Wenn es relevant ist, kannst du zu einem späteren Zeitpunkt im Seminar auch mehr zu dir erzählen.

Kennenlernen

In kleineren Seminaren kann man eine Vorstellungsrunde klassisch »auf der Tonspur« machen: Jeder sagt, wie er heißt, wo er arbeitet und was ihn in dieses Training brachte. Das ist zwar wenig kreativ, bietet aber einen ersten Kontakt. Nun, wir sind eher Fans von ein wenig Bewegung und Überraschung zu Beginn.

Mit meiner persönlichen Vorstellung als Trainer bin ich gerade fertig, die Einführung ist grundlegend erfolgt. Auf der vorderen Kante meines Stuhls sitzend sage ich: »Ihr habt jetzt ein wenig über mich erfahren. Ich – und vermutlich auch ihr – seid sicher neugierig, wer hier die nächsten Tage zusammen unterwegs ist – deswegen machen wir jetzt eine etwas andere Vorstellungsrunde!« Ich stelle mich hin. »Steht doch mal auf.«

»Wir zeichnen jetzt mit allen Teilnehmern eine Landkarte im Raum. Dazu brauchen wir etwas freie Fläche. Dort, wo ich stehe, ist der Mittelpunkt – unser Seminarraum.« Ich erkläre, in welche Richtung welche Himmelsrichtung liegt, und bitte die Teilnehmer, sich entsprechend ihrem Geburts- oder Wohnort passend hinzustellen.

Nach dieser kleinen Warm-up-Frage folgt eine Aufstellung nach den primären Verantwortlichkeiten. »Bildet einmal Grüppchen im Raum entsprechend eurer aktuell am meisten gelebten Rolle. Also z. B. Scrum Master, Projektleiter, Managerin usw.«

Nach einer kurzen »Sortierphase« stehen verschiedene Kleingruppen im Raum. Ich frage bei einer ersten Gruppe nach: »Und wer seid ihr?« So bekommen die Teilnehmer mehr Wissen dazu, wen vielleicht ähnliche Themen interessieren – und ich als Trainer weiß, wer vermutlich welche Herausforderungen hat. Die anderen Grüppchen folgen.

Eine letzte Information ist noch spannend: Wer weiß hier schon wie viel über das Seminarthema? Wen könnt ihr als Mitwissende hier gut einspannen in Gruppenarbeiten? »Bitte stellt euch einmal auf einer gedanklichen Linie durch den Raum auf – hier vorne ist: ›Scrum ist völlig neu für mich‹ und hier hinten ›Ich könnte das Seminar eigentlich auch selbst halten‹«. Alle stellen sich auf. Nacheinander frage ich jeden, was ihn mit Scrum in Kontakt gebracht hat und weshalb er hier im Training ist.«

Nach diesen drei im Raum »aufgestellten« Fragen haben die Teilnehmer und wir ein erstes Gefühl dafür, wer hier im Raum ist und mit welcher Intention. Wir können an etlichen Stellen im Seminar später anknüpfen an die genannten Wünsche,

Hoffnungen und Erfahrungen und haben auch eine erste innere Einschätzung, wer unfreiwillig hier ist, weil ihn der Chef geschickt hat.[12]

Wenn die Gruppe vor dem Seminarbeginn sehr ruhig und verhalten ist, lohnt es sich auch, schon vor der Aufstellungsübung einen kleinen Eisbrecher einzufügen. Dafür benutzen wir sehr gerne eine Struktur, die von dem Format Impromptu Networking aus dem Fundus der Liberating Structures [Lipmanowicz & McCandless 2016] inspiriert wurde. Sie beinhaltet folgende Fragen, die sich die Teilnehmenden selbst stellen und dann mit den anderen teilen sollen:

- Wie geht es mir?
- Wozu bin ich hier?
- Wie werde ich dazu beitragen, dass ich meine Ziele hier erreiche?

Das führt dazu, dass die Gruppe mehr Energie hat, das Eis bereits gebrochen ist und bei den folgenden Aufgaben die Kommunikation besser fließt.

3.3.2 Fremde zu Teams zusammenschweißen

Wie oben schon beschrieben, ist eine Grundidee unseres Seminarkonzepts, Scrum zu simulieren. Eine Voraussetzung dafür sind geeignet große interdisziplinäre Teams. Die Arbeit in solchen Lernteams hat für das Seminar viele Vorteile: Unsere Teilnehmer vermitteln sich Antworten auf kleinere Fragen einfach beiläufig selbst. Schon häufig haben wir beobachtet, dass erfahrene Teilnehmer das auch sehr gerne tun. Für die, die ein Konzept vermitteln, festigt sich der Stoff nochmals durch aktive Wiederholung – und auch eigene Lücken werden einem klar. Beim Lehren merkt man schnell, was man wirklich verstanden hat und wann die Beschreibung eines Konzepts noch schwerfällt wie das Umlegen des Sattel-Stellhebels eines angerosteten Trekkingrads.

Neben dem Wissensaustausch haben Lernteams noch eine weitere wichtige Funktion: Sie vermeiden das gefährliche Fragen-Ping-Pong-Spiel im Stuhlkreis, das ein Seminar in Windeseile in eine politische Debatte feinster Natur verwandeln kann und es gleichzeitig durch Seminarkritiken in den Abgrund reißt.

12. Diese Tatsache an sich können wir leider nicht ändern, auch wenn sie das Lernen oft stört – jedoch hilft in der Regel ein an der Kaffeemaschine geführtes Einzelgespräch samt Neugierde und einer guten Portion Empathie dabei, dass ein Teilnehmer sich dann doch irgendwann entschließt, mit uns und den anderen eine gute Zeit zu haben.

Es ist schon einige Jahre her, ich hatte mein erstes richtig großes Training mit 24 Teilnehmenden, die meisten gestandene Berater und Manager. Das Seminar fand in einem großen, lichtdurchfluteten Raum in einem dieser modernen Münchener Büroparks statt, bei dem man intuitiv versteht, wieso Facility Management als eigener Schwerpunkt existiert. Nach meinem Trainer-Input am Flipchart meldete sich ein Teilnehmer mit einer Frage. Während ich seine Frage beantwortete, schien es im Stuhlkreis mit jedem weiteren Stück meiner Antwort Menschen zu geben, die dadurch angeregt wurden, neue, leicht anders gelagerte Fragen zu stellen. Ich war hin- und hergerissen. Auf der einen Seite wollte ich nicht als derjenige dastehen, der jetzt Antworten verweigert, auf der anderen Seite schien die Runde langsam zu eskalieren. Ich blickte in immer mehr verwirrte bis gelangweilte Gesichtsausdrücke einiger Teilnehmer, während wir in Dialogen um Antworten rangen. Manche begannen unruhig mit den Füßen auf ihren Plätzen zu scharren. Trotzdem kamen neue Fragensteller immer wieder auf irgendwelche Begriffe und Konzepte mit ihren Fragen, die wir bislang höchstens gestreift, geschweige denn erklärt hatten. Nach guten 25 Minuten Rede-und-Antwort-Stehen zu allem, was aus meiner Gruppe raussprudelte, drehte ich meinen Laber-Hahn zur Überraschung einiger dann sehr ruckartig zu und schickte alle etwas holprig moderiert in eine Simulation.

Mehr als die Hälfte der Teilnehmer war mittlerweile geistig abwesend, da viele Fragen sie nicht mehr direkt betrafen oder ihnen der Kontext zur Einordnung der Antwort fehlte. Ich war in die Ping-Pong-Falle getappt.

Lernteams regeln solche Stolperfallen oft intuitiv selbst, wenn du ihnen Diskussions- oder Arbeitsaufträge gibst. Sie verhindern das große Feststecken im Plenum. Zudem geben sie den Teilnehmern die Möglichkeit, gesehen und gehört zu werden. Schüchterne oder introvertierte Menschen haben dort oft die Gelegenheit, in den Lernteams mitzumachen, statt in großen Runden hervortreten zu müssen.

Heterogene Lernteams bilden

Wie kommen wir nun an Teams, wenn diese für die Erfahrung so hilfreich sind?

Wir lassen die Menschen Verantwortung übernehmen und sie ihre Teams selbst auswählen.

Durch die im Raum aufgestellte Vorstellungsrunde haben unsere Teilnehmer bereits ausreichendes Wissen zur Heterogenität oder Gleichförmigkeit der Gruppe sammeln können. Diese Erkenntnisse machen wir uns jetzt zunutze und bitten die Teilnehmer, sich in ähnlich großen Lernteams von vier bis sieben Personen zusammenzufinden.

Dafür erarbeiten wir mit den Teilnehmern noch kurz, was es für richtig gute Scrum-Teams braucht. Meistens kommen Kriterien zur Sprache wie Heterogenität, verschiedene Erfahrungsgrade, aber auch so etwas wie Sympathie. Wenn wir das Gefühl haben, dass die Gruppe es braucht, ergänzen wir Kriterien, die uns wichtig sind. Danach teilen sich die Teams selbstständig in Lerngruppen auf. Manchmal tauschen Teams Leute untereinander aus, damit offensichtliche Dysfunktionen ausgeglichen werden.

Damit haben die Teilnehmer also auch direkt eine kleine Simulation erlebt, wie die Grundidee eines Team-Self-Selection-Workshops aussehen kann. Meistens finden aus den Beobachtungen von [Mamoli & Mole 2019] in diesen Selbstselektionsrunden ohne Managementvorgaben die Menschen zusammen, die aus dem Blickwinkel von guten Arbeitsbeziehungen sehr gut zueinander passen.

An dieser Stelle ist etwas wichtig, was auch im Verlauf des weiteren Trainings immer wieder essenziell sein wird – wir vertrauen der Gruppe voll und ganz! Wir führen die Gruppe im Seminar, wie wir auch ein Scrum-Team führen würden: auf Augenhöhe und mit maximalem Vertrauen. Wir vertrauen darauf, dass die Gruppe die Lernteams wählt, die die Teilnehmer als optimale Lernerfahrung benötigen. Das sind manchmal nicht die funktionalen Lernteams und auch nicht die angenehmsten Zusammenstellungen, aber die, die die meisten Lernerfahrungen für die individuellen Teilnehmer bieten.

Für ein vielleicht noch besseres Ergebnis wäre noch ein wenig mehr Facilitation und Zeit hilfreich, doch nach kurzer Zeit gibt es so bereits mehrere Teams, die fast immer hinreichend gut funktionieren. Und diese dürfen dann auch gleich mit zwei Aufgaben loslegen: Erstens spürt jedes Team mehr Identität mit einem selbsterdachten Namen und zweitens brauchen wir alle Themen, Fragen und Wünsche unserer Teilnehmer, um gleich unseren ersten Lern-Sprint zu planen.

Die zweite Aufgabe konfrontiert die Teilnehmer dabei direkt mit dem Konzept eines Backlogs, denn es soll eine für das Team nach Wert sortierte Liste erstellt werden, die noch fehlende Funktionalitäten unseres Seminar-Wissensprodukts[13] enthält.

Diese Vorabaufgabe ist für die Teilnehmer zugegeben ein Sprung ins kalte Wasser. Allerdings sind sowohl dabei passierende Fehler wie auch die Erfahrung der Moderation und das entstandene Ergebnis selbst dann ein gefundenes Fressen für den wenig später gegebenen theoretischen Inhalt zum Product Backlog. Wir schaffen so also bereits eine Referenzerfahrung für das spätere Lernziel des »Pro-

13. Unter dem Wissensprodukt verstehen wir hier das gesamthafte Lernergebnis der zwei Tage aus Wissen, Erfahrungen und Erkenntnissen.

duct Backlog« und thematisieren gelegentlich auch schon die Herausforderungen, als Gruppe von Menschen Entscheidungen zu treffen.

3.3.3 Den Lernsprint mit idealem Sprint-Ziel planen

Unsere Teilnehmer können bis dato mit dem Begriff eines Lern-Sprints noch wenig anfangen. Wir sollten ihnen daher ein wenig erklären, was wir uns darunter vorstellen und wie so ein Lern-Sprint abläuft.

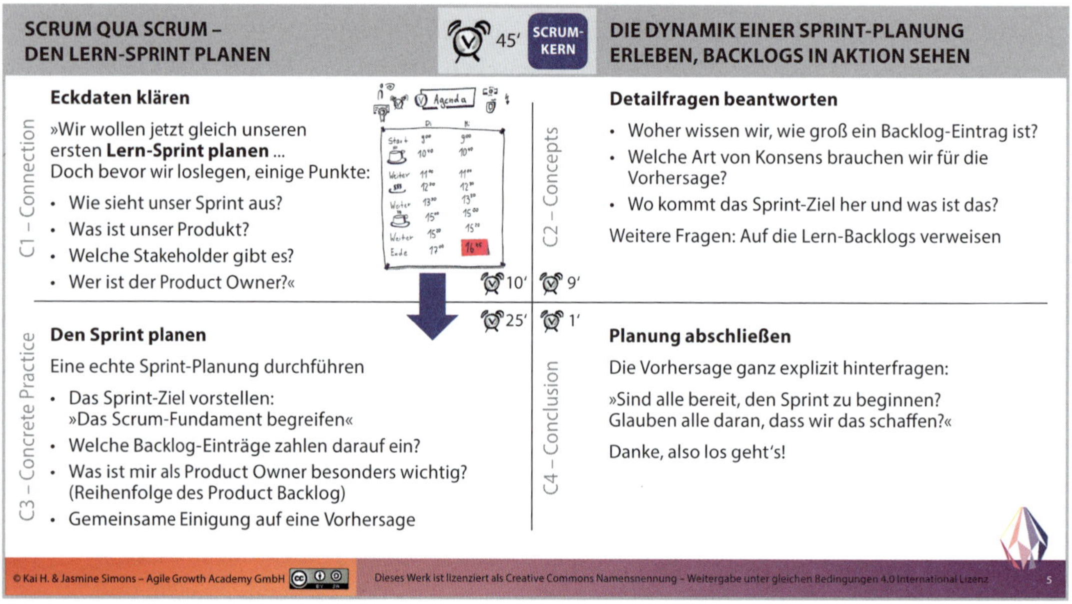

Abb. 3–4 Trainerleitfaden Seite 5: Scrum qua Scrum – den Lern-Sprint planen

C1 – Eckdaten klären

Dazu setzen wir gerne ein Flipchart ein, was die organisatorischen Aspekte zusammenbringt.

Abb. 3–5 Agenda-Flipchart für ein 2-tägiges Seminar mit Korrekturen + Working Agreements

Anhand dieser Darstellung klären wir drei verschiedene Fragestellungen:

1. Wie sieht die grundlegende Zeitstruktur des Seminars aus?
2. Wie ist die Verpflegung organisiert?
3. Welche Atmosphäre wollen wir gemeinsam hier haben?

Jedes Symbol steht für jeweils eine spezifische Vereinbarung. Diese kommen von den Teilnehmern und uns als Trainern und sie helfen dabei, einen sozialen Rahmen für das Seminar zu setzen und zu halten. Die Erfahrungen während des Kurses helfen oft dabei, die richtigen Vereinbarungen für die Gruppe aus ihr selbst herauszufinden:

> Eine Teilnehmerin fand einfach keinen Punkt und kein Komma in ihren Fragen und Erzählungen im Seminarraum. Einige Leute wurden zunehmend genervter davon. Am zweiten Seminartag schlug ein Teilnehmer vor, eine neue Vereinbarung zu treffen, um effizienter mit unserer Zeit umzugehen: Wenn ein Thema zu weit abdriftet, also sich für einen Teilnehmer als »Off-topic« und somit mögliches Pausengespräch entpuppte, sollte jeder dies den anderen über das Winken mit einem Haftnotizzettelblock mitteilen. Sobald wir mehrere solcher Zettelblöcke in der Luft nacheinander wedeln sahen, wussten alle: Es wird Zeit, dieses Thema abzuschließen und weiter im Stoff zu gehen. Die Gruppe akzeptierte diese neue Vereinbarung und das Problem löste sich allein durch die Thematisierung schon in Luft auf. In der restlichen Seminarzeit waren wir fokussiert unterwegs.

Wie in diesem Beispiel haben Teilnehmer oft gute Ideen, wie man gemeinsam besser lernt. Um diesen Prozess allerdings pragmatisch kurz zu halten, fügen wir dort oft unsere Lieblingsvereinbarungen hinzu – sofern sie für alle passen. Diese beziehen sich auf eine Reihe von Inhaltspunkten:

- Störungen haben Vorrang[14]: Wir klären Konflikte immer direkt statt erst am Abend.
- Wir »duzen« einander im Seminarraum.
- Schweizer Mundart ist okay.[15]
- Wir machen immer pünktlich weiter und wenn jemand etwas verpasst, muss sein Team denjenigen die laufende Übung erklären und an Bord holen.
- Telefonate erfolgen nur außerhalb des Seminarraums.
- Smartphones sind stummgeschaltet, sofern keine Kinder kurz vor der Geburt stehen oder Projekte lichterloh brennen.
- Die Teilnehmer erhalten ein Fotoprotokoll von mir als Trainer oder Trainerin.
- Wir erläutern den Ablauf der Zertifizierungsprüfung sofern gegeben.

Alles in allem schaffen uns diese selbst gegebenen Regeln also Klarheit und Verbindlichkeit in Bezug auf mögliche Konfliktpunkte. Es wirkt erst mal ungewohnt, weil es teils vermeintlich klare Aspekte explizit behandelt, wie den Umgang mit Ablenkungen durch Smartphones. Doch alles in allem demonstriert es ein kleines Hilfsmittel, das man mit seinen eigenen agilen Teams nutzen kann, um Konflikte vorzubeugen.

Von den Teilnehmenden wird oft das Konzept der »Las-Vegas-Regeln«[16] angefügt, also der Wunsch, einen sicheren Raum zu schaffen. Wir erachten es als sehr hilfreich, wenn viele Regeln von den Teilnehmern selbst kommen. Sollte diese spezielle Regel jedoch nicht von den Teilnehmern genannt werden, fügen wir als Seminarleitende sie noch hinzu, da sie wichtig ist, um ein geschütztes Lernen und den Austausch über firmeninterne Probleme zu ermöglichen. Dies ist auch die einzige Regel, die wir am zweiten Tag noch mal explizit erwähnen, damit dieser sichere Raum über das ganze Seminar hinweg im Bewusstsein bleibt.

14. Dieses Konzept ist ein fundamentaler Bestandteil der *themenzentrierten Interaktion* von Ruth Cohn. Mehr dazu erfährst du im Einführungswerk von [Langmaack 2001].
15. Okay, das gilt nur für Trainings in der Schweiz und steht hier eher symbolisch. Denn welche Sprache im Seminarraum gesprochen wird, ist manchmal eben trotzdem ein Thema. Denn gelegentlich gibt es Teilnehmer, die die Seminarsprache selbst zwar verstehen, aber nicht gut in ihr sprechen können. Auch hier darf man als Gruppe eine Lösung finden – oder zur Not ein anderssprachiges Seminar empfehlen.
16. Eine Anspielung auf den Ausdruck: »What happens in Vegas, stays in Vegas.« Mehr zu dieser Idee findet sich bei [Andresen 2017].

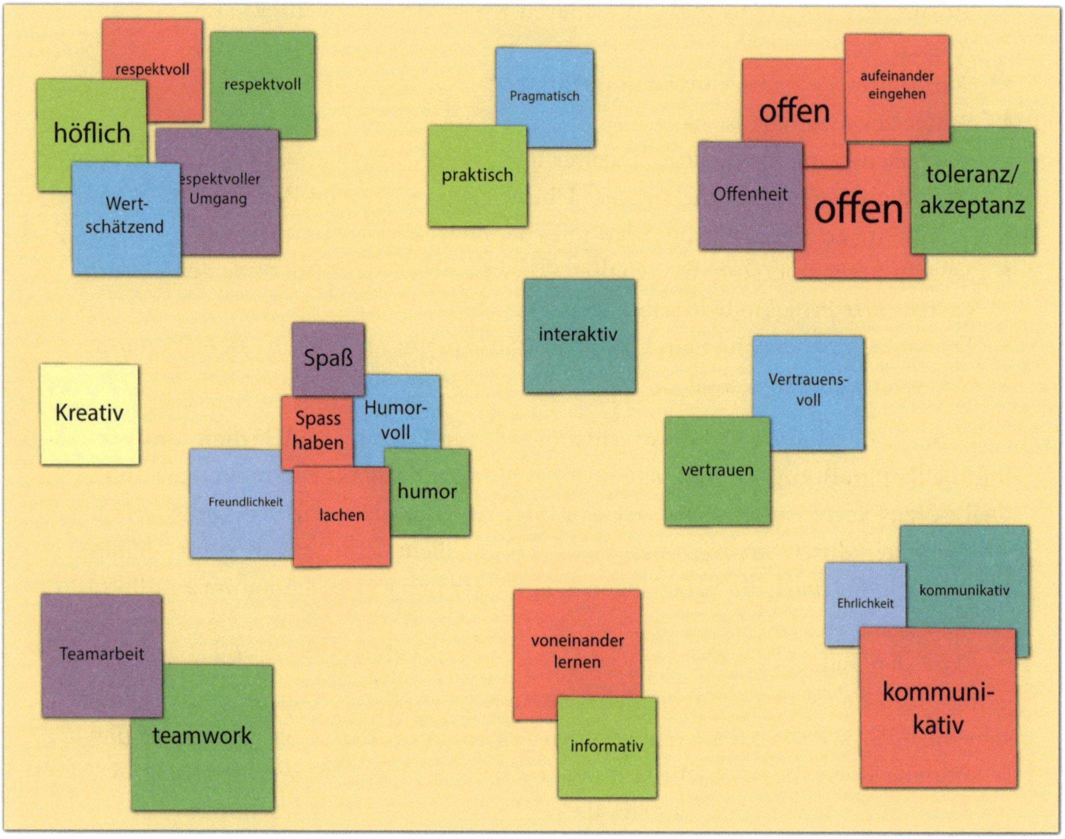

Abb. 3–6 Die gesammelten Wünsche einer Teilnehmergruppe eines Onlineseminars dazu, welche Lernatmosphäre sie haben möchten.

Unser entstehendes, mit Scrum entwickeltes Produkt über die zwei Seminartage erläutern wir wie erwähnt gern als Wissensprodukt von Scrum-Know-how, Erfahrungen und Erkenntnissen. Jeder Lern-Sprint ist dabei einen Tag lang, wir haben also zwei Sprints zur Verfügung.[17]

Da zu den Stakeholdern die Teilnehmer selbst, wir als Trainer und im Fall von Zertifikatslehrgängen auch die zertifizierende Dachorganisation gehört, bieten wir uns selbst als Product Owner für unser Lernprodukt an, um die konfliktären Anforderungen aller Seiten zu sortieren. Als Product Owner dürfen wir also das Kurs-

17. Auch die Durchführung von halbtägigen Sprints ist möglich, wenn auch ein wenig stressiger. Gerade bei kurzen Seminaren macht es so den Sprint samt seinen Ereignissen als Timebox greifbarer.

Backlog über die Seminardauer hinweg so aufstellen, dass der beste Wert für alle entsteht. Falls ein Co-Trainer im Seminar ist, bietet es sich an, dass dieser die Scrum-Master-Verantwortlichkeit übernimmt. Ist niemand verfügbar, besetzen wir diese Verantwortung nicht.[18]

C3 – Den Sprint planen

Jetzt kommt eigentlich ein sehr einfacher Teil des Seminars, falls du bereits mit Scrum gearbeitet hast. Wir machen nun mit unseren Teilnehmern eine ganz gewöhnliche Sprint-Planung – das bedeutet: Wir bringen einen Vorschlag für ein Sprint-Ziel mit, füllen mit den Teilnehmern zusammen das Kurs-Backlog, sortieren es und einigen uns auf eine Vorhersage, was wir wohl realistisch schaffen.

An dieser Stelle führen wir häufig auch kurz die Diskussion darüber, was in diesem Kontext eigentlich die Produktvision und das Produktziel für unser Lern- und Wissensprodukt sind. Wir bringen für beide Aspekte einen Vorschlag mit, analog zum Sprint-Ziel. Abhängig von der Intensität der Dialoge und der Teilnehmerschaft machen wir ein eigenes Lern-Backlog-Element aus diesen Themen oder verweisen bei diesem eher Produktmanagement-bezogenen Aspekt auf die Eigenverantwortung im Selbststudium nach dem Seminar.

Mit dem Gesagten steht an dieser Stelle nun der Tagesplan. Wenn doch bloß während der Planung deine Teilnehmer nicht noch einige Fragen hätten, um die wir uns nun kümmern dürfen …

C2 – Detailfragen beantworten

Denn die wirkliche Herausforderung dieser simulierten Sprint-Planung ist es, dass seitens deiner Teilnehmer dieselben Fragen auftauchen, die du auch aus deinen agilen Teams in deinem Unternehmen schon kennst:

- Wie sollen wir zu einem Umfang »ja« sagen, den wir noch gar nicht im Detail geschätzt und durchdrungen haben?
- Woher wissen wir, wie lange etwas dauert?
- Wonach ist denn das Kurs-Backlog sortiert?

18. Hier bricht dann ein wenig die Anwendung von Scrum auf sich selbst. Streng genommen ist man dann als Seminarleiter in einer Doppelverantwortlichkeit von Scrum Master und Product Owner. Sicherlich nicht ideal, aber besser, als einen Teilnehmenden zum Scrum Master zu machen. Denn unserer Erfahrung nach überfordert dies die Lernenden, da sie sich dann auf eine Verantwortlichkeit neben dem inhaltlichen Lernen konzentrieren müssen.

Diese und viele weitere Fragen tauchen nahezu immer auf wie eine Blässhühnerfamilie nach ausgiebigem Gründeln auf dem Seeboden. Und genau das ist auch gut so, denn jedes dieser Fragezeichen im Kopf deiner Teilnehmer ebnet dir den Weg zu einer kurzen Erklärung einer Scrum-Implikation, eines Artefakts oder eines Konzepts. **Die Kunst in dieser ersten Sprint-Planung ist es nun, nur jeweils einen ersten Vorgeschmack auf eine mögliche Antwort zu liefern.**

Statt also das Thema in aller Ausführlichkeit zu behandeln und nach 90 Minuten mit dem Gefühl zu enden, dein Seminar nicht mehr im Griff zu haben, fassen wir uns kurz und verweisen auf die kommenden Backlog-Einträge.[19] Als Sprint-Ziel nehmen wir häufig »Das Scrum-Fundament begreifen«, da es bereits die haptische Komponente der noch kommenden Simulation beinhaltet und ohne Fundament alles zusammenbricht. »Kaputtes Scrum« haben wir fürwahr ja schon genug in der Industrie.

C4 – Planung abschließen

Jetzt kommt der Lackmustest für die geleistete Vorarbeit: Glauben alle daran, dass der Plan so realistisch durchführbar ist und wir mit dem ersten Lern-Sprint beginnen können? Falls ja, darfst du jetzt innerlich applaudieren, und falls nicht, dann braucht es noch eine weitere Runde Erklärungen, um die Teilnehmer an das Ungemach agiler Planung – und so auch an eine wichtige Erkenntnis – zu gewöhnen: **In einer komplexen Domäne mit einem neuen Produkt und einem neuen Team haben wir oft nicht mehr als ein Bauchgefühl für die erste Sprint-Planung zur Hand.**

3.3.4 Von Product und Sprint Backlogs lernen

Scrum kennt zwei Arten von Backlogs – das Product Backlog als Werkzeug zur Produktziel-Realisierung und das Sprint Backlog als taktischer Schlachtplan eines Teams zur Sprint-Ziel-Erreichung. Beides sind Kernkonzepte und so verankern wir diese entsprechend früh mit einer Referenzerfahrung, um sie dann auch zur Seminarsteuerung zu nutzen.

19. Manchmal schreiben wir auch direkt noch neue Backlog-Karten, wenn uns das Thema sonst durch die Lappen gehen würde – oder bitten die Teilnehmer dies entsprechend in ihren Lern-Backlogs zu machen.

DAS KONZEPT DES PRODUCT BACKLOG VERTIEFEN — 40' — SCRUM-KERN — **DIE DEFINITION UND KRITERIEN EINES PRODUCT BACKLOG KENNEN**

C1 – Connection

Vorerfahrung ansprechen

»Ihr habt ja eben bereits eure **Team-Backlogs** aufgebaut und wir haben hier gerade ein **Lern-Backlog** verwendet.
Was ist euch bei der Arbeit damit aufgefallen?«

→ Den Begriff des **Backlog Refinement** einführen

5'

C2 – Concepts

10'

Kriterien des Product Backlog

Die **DEEP-Kriterien** am Flipchart präsentieren

- Detaillierung passend
- Eingeschätzt
- Emergent (»Es lebt«)
- Priorisiert (mittlerweile sortiert)

C3 – Concrete Practice

20'

Teilnehmerfragen klären

- Welche Priorisierung nutzen die meisten Product Owner?
- Was ist der Unterschied zwischen Sprint und Product Backlog?
- Wie gehen wir mit Risiken um?
- Wie viel Backlog-Einträge sollte ein Product Backlog eigentlich haben?
- Wie viele Einträge sollte man vorbereiten?

C4 – Conclusion

5'

Transfer des Konzepts in die eigene Praxis

- Erfahrungen berichten von eigenen Kundeneinsätzen und deren Product oder Sprint Backlogs
- Teilnehmer einladen, eigene Product Backlogs zu beschreiben, falls genügend Vorwissen im Raum ist
- Vom Hochzeits-, Umzugs-, Homeschooling- oder Haushalts-Backlog erzählen
→Agile Growth Podcast Folge #013, #014

© Kai H. & Jasmine Simons – Agile Growth Academy GmbH — Dieses Werk ist lizenziert als Creative Commons Namensnennung – Weitergabe unter gleichen Bedingungen 4.0 International Lizenz — 6

Abb. 3–7 Trainerleitfaden Seite 6: Das Konzept des Product Backlog vertiefen

Vorerfahrung ansprechen (C1)

In unserer Einführung haben wir je Team ein Lern-Backlog aufgebaut. Nun kennen die Teilnehmer also eigentlich bereits die Arbeit mit einem Backlog. Diese gemachte Erfahrung nutzen wir jetzt, um die konkreten Eindrücke bei der Arbeit mit dem Backlog zu erfragen. Dabei können wir zeitgleich diese Tätigkeiten mit dem Scrum-Konzept des »Product Backlog Refinement« verknüpfen. Gedanklich ergibt sich so eine erste Brücke zwischen der Backlog-Pflege und dem offiziellen Namen dieser Aktivitäten.

Kriterien des Product Backlog (C2)

Wir nutzen hier inspiriert von Roman Pichler [Pichler 2008] die DEEP-Kriterien, um die grundlegenden Eigenschaften eines Product Backlog näherzubringen:

- Detaillierung passend
- Eingeschätzt
- Emergent (oder wie wir salopp gerne sagen: »Es lebt«)
- Priorisiert (was streng genommen mittlerweile »sortiert« heißt)

Anhand der weitverbreiteten Metapher des Product-Backlog-Eisbergs erklären wir am Flipchart parallel dazu die Auswirkung der DEEP-Kriterien auf das Product Backlog.

Teilnehmerfragen klären (C3)

Nachdem du das grundlegende Wesen eines Product Backlog vermittelt hast, möchten deine Teilnehmer meistens noch einige Details verstehen. Wie genau sortiert eine Product Ownerin das Product Backlog? Was ist im Unterschied zum Product Backlog ein Sprint Backlog? Wie gehen wir mit Risiken um? Dir fallen da sicher noch mehr Detailfragen ein. Hier klären wir alle Fragen bestmöglich mit einem guten Fokus auf die Zeit. Größere Themen lagern wir meist lieber als eigene Backlog-Einträge ins Kurs-Backlog aus.

Durch das Auslagern der Themen lernen die Teilnehmer auch hier gleich wieder einen wichtigen Aspekt des Product Backlog Refinement kennen: Wir können jederzeit Einträge ins Product Backlog hinzufügen. Spätestens seit dem DEEP-Modell sollte dies zwar bekannt sein, es in der Praxis zu sehen und die Konsequenzen zu spüren hilft aber beim Verinnerlichen unseren Teilnehmern ungemein.

Transfer des Konzepts in die eigene Praxis (C4)

Mit ein bisschen Gehirnakrobatik fällt jedem von uns ein Einsatzzweck außerhalb von Softwareentwicklung und Arbeitsteam ein. An dieser Stelle lohnt es sich, wenn du deine Teilnehmer ein wenig zum Träumen einlädst. Wir tun das häufig mit Geschichten über unser Hochzeits-Backlog[20] oder den Sinn eines Umzugs-Sprint-Backlog.

20. Der Agile Growth Podcast, Folge #013: »ScrumMaster in Anzug und Krawatte, Product Ownerin im Brautkleid« – abrufbar unter *agilegrowth.de/hochzeit*.

Abb. 3–8 »Entwickler« Chris unseres Hochzeits-Scrum-Teams bestens gelaunt neben dem Sprint Backlog am Hochzeitstag selbst. Es gibt noch viel zu tun am Hohen Darsberg.

3.3.5 Die Basis im Verständnis schaffen

Ohne gemeinsame Sprache finden wir kein gegenseitiges Verständnis. Die Tücken unserer Wörter beinhalten von ihrem Naturell her schon genügend Interpretationsspielraum, weswegen wir lieber früher als später eine gemeinsame Definition der wichtigsten Scrum-Begriffe schaffen möchten.

Abb. 3–9 Trainerleitfaden Seite 7: Die Scrum-Grundlagen wiederholen

3.3.6 Das Scrum-Wissen der Teilnehmer anzapfen

Sollten unsere Teilnehmer die Vorbereitungsaufgaben durchgeführt haben, so können wir in diesem Modul auf theoretisches Wissen aufbauen. Unsere Wahrnehmung nach vielen Jahren Seminaren ist allerdings, dass selbst bei sorgfältiger Vorbereitung unserer Lernenden sich häufig Missverständnisse einschleichen und alle von einer Wiederholung der Essenz des agilen Frameworks profitieren.

Die Scrum-Idee (C1)

Zum Einstieg in die Konzeptwiederholung teilen wir gerne ein Zitat vom New New Product Development Game [Takeuchi & Nonaka 1986] aus, um den Ursprung von Scrum in Erinnerung zu rufen:

> »Der traditionelle sequenzielle oder ›Staffellauf‹-Ansatz bei der Produktentwicklung (...) kann mit den Bestrebungen nach maximaler Geschwindigkeit und Flexibilität in Konflikt stehen. Stattdessen kann ein ganzheitlicher oder ›Rugby‹-Ansatz – bei dem eine Mannschaft versucht, die Wegstrecke als Einheit zurückzulegen und den Ball hin- und herzuspielen – den heutigen Wettbewerbsanforderungen besser gerecht werden.«[21]

Die Teilnehmer diskutieren, was dieses Zitat mit Scrum zu tun hat. Durch unser darauffolgendes Gespräch im Plenum ergeben sich verschiedene Lernpunkte:

- Die Kernidee von Scrum stammt bereits aus Produktentwicklungen vor dem Jahr 1986.
- Das Scrum zugrunde liegende Muster von interdisziplinären, in Iterationen arbeitenden Teams stammt eigentlich von Hardware-Produktentwicklungen wie Kopierer, Autos und Spiegelreflexkameras.

Anhand einer Flipchart-Zeichnung kontrastieren wir den Unterschied zwischen einer Staffelholz-Produktentwicklung und dem Rugby-Ansatz. Häufig mündet dies in der Diskussion von den sogenannten »T-förmigen Fähigkeiten«, die man in agilen Teams braucht: Neben seiner eigenen tiefen Spezialisierung muss man als Entwicklerin in einem Scrum-Team in weiteren Themen zumindest ein grundlegendes Wissen aufbauen, um sinnvoll mit Kolleginnen in Paaren zusammenarbeiten[22] zu können.

Die ersten Implikationen für Abteilungs- und Matrixstrukturen zeichnen sich hier ab und sind Vorboten für die Erkenntnis, dass ein Rugby-Ansatz zwar oft deutlich effektiver ist, aber auch seinen Preis hat: Teams müssen abteilungsübergreifend dauerhaft existieren dürfen und sollen. Eine Herausforderung für viele klassisch strukturierte Organisationen, die nicht selten in einer Reorganisation der Strukturen endet.

---

21. Eigene Übersetzung des Autorenteams.
22. Die Philosophie, am frühesten Ort einer möglichen Fehlerentstehung mit vier Augen zu arbeiten, entspringt dem Ansatz des eXtreme Programming, zu dem du im gleichnamigen Buch von [Wolf, Roock, & Lippert 2005] mehr Details findest.

Scrum erklären üben (C3)

In den allermeisten Fällen können wir grundlegendes Scrum-Wissen unserer Teilnehmer anzapfen. Mit der nächsten Übung machen wir womöglich den ein oder anderen Teilnehmer etwas nervös, da er oder sie außerhalb der Komfortzone arbeiten muss: Jedes Lernteam erstellt eine fünfminütige Präsentation, die den Ablauf von Scrum grundlegend vermitteln soll: Es geht hier um den Weg von der Vision bis zum Produktinkrement: Wer ist beteiligt, welche Ereignisse und Artefakte gibt es?

Ein Flipchart dient dazu meistens als Präsentationsinstrument, aber wir haben auch schon Haftnotizzettel an Metaplanwänden gesehen und sogar kurze Rollenspiele, die die Kernpunkte teils sehr humorvoll rüberbrachten.

Abb. 3–10 Teilnehmer bei der Erstellung ihrer Scrum-Präsentation

Als Variante und bei eher fortgeschrittenen Lerngruppen bietet es sich an, die Präsentationen Stakeholder-spezifisch anzufordern. Welcher Fortschritt bei den Teilnehmenden zu verzeichnen ist, weißt du ja bereits aus der Aufstellung zu Beginn des Seminars.

In dieser Variante werden mit den Teilnehmern mögliche Stakeholderinnen für so eine Präsentation in einem Brainstorming auf Haftnotizzetteln zusammengetragen und die Lerngruppen können sich im Anschluss ihre liebste Stakeholderin aussuchen. Die Möglichkeiten sind hier groß. Einige der Klassiker sind:

- neues Teammitglied
- Betriebsrat
- Kunde
- Auszubildender
- CEO
- Teamleiterin
- HR/Personalabteilung
- meine Oma/Mutter/mein Opa/Vater etc.

Diese Varianten machen nicht nur Spaß, sie helfen auch dabei, zu erkennen, dass unterschiedliche Personenkreise verschiedene Ansprachen und Argumente brauchen.

Gallery Walk (C2)

Die Ergebnisse der einzelnen Teams werden nun nacheinander präsentiert. Wir halten die Timeboxen für die Präsentationen oft kurz und knackig, da sich Aspekte zwischen verschiedenen Teams wiederholen und dann der Fokus eher auf den Unterschieden zwischen Vorgängerteams liegen sollte.

Nach der Präsentation ergänzen wir das Gehörte um fehlende Konzepte oder korrigieren Missverständnisse. Das kann manchmal auch bedeuten, dass wir selbst nochmals eine korrekte – sprich: dem Scrum Guide entsprechende – Version dieser Präsentation liefern.

Wenn wir bereits jetzt einen sehr sicheren Lernraum geschaffen haben, können wir hier eine Variation einfügen. Statt die größten Fehler selbst zu korrigieren, können wir mögliche Missverständnisse oder Fehlinterpretationen der Lerngruppen auf »Missverständnis-Haftnotizzetteln« vermerken und nach den jeweiligen Präsentationen diese an die Gruppe zurückgeben mit der Aufgabe, über den Verlauf des Tages herauszufinden, wo genau das Missverständnis liegt und wie die Teilnehmenden die Präsentation mit dem neuen Wissen anders erstellen würden.

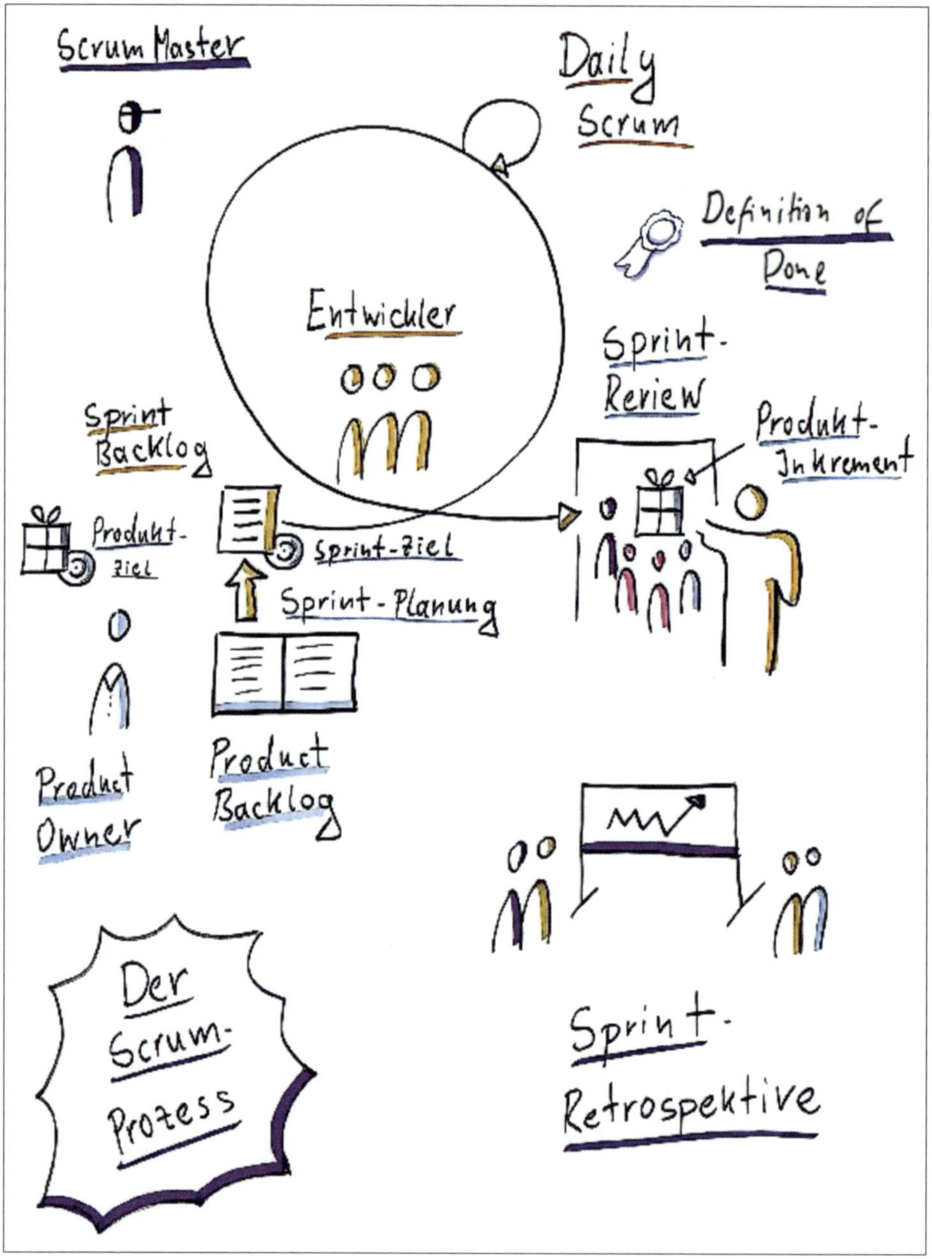

Abb. 3–11 Unsere Art, den grundlegenden Ablauf von Scrum zu visualisieren.

Es bleibt den Teilnehmern die Adler-Perspektive auf das Scrum-Rahmenwerk in Erinnerung samt kurzer Definitionen aller Artefakte, Verantwortlichkeiten und Ereignisse.

Scrum-Definition (C4)

Während einzelne Konzepte bereits jeweils kurze Definitionen besitzen, fehlt noch eine Definition des Rahmenwerks an sich. Hierzu kannst du zum Beispiel ein Zitat aus dem Scrum Guide visualisieren und mit den Teilnehmern besprechen. Was fällt besonders auf? Welche Formulierung finden sie ungewöhnlich? Was bedeutet das für die Praxis?

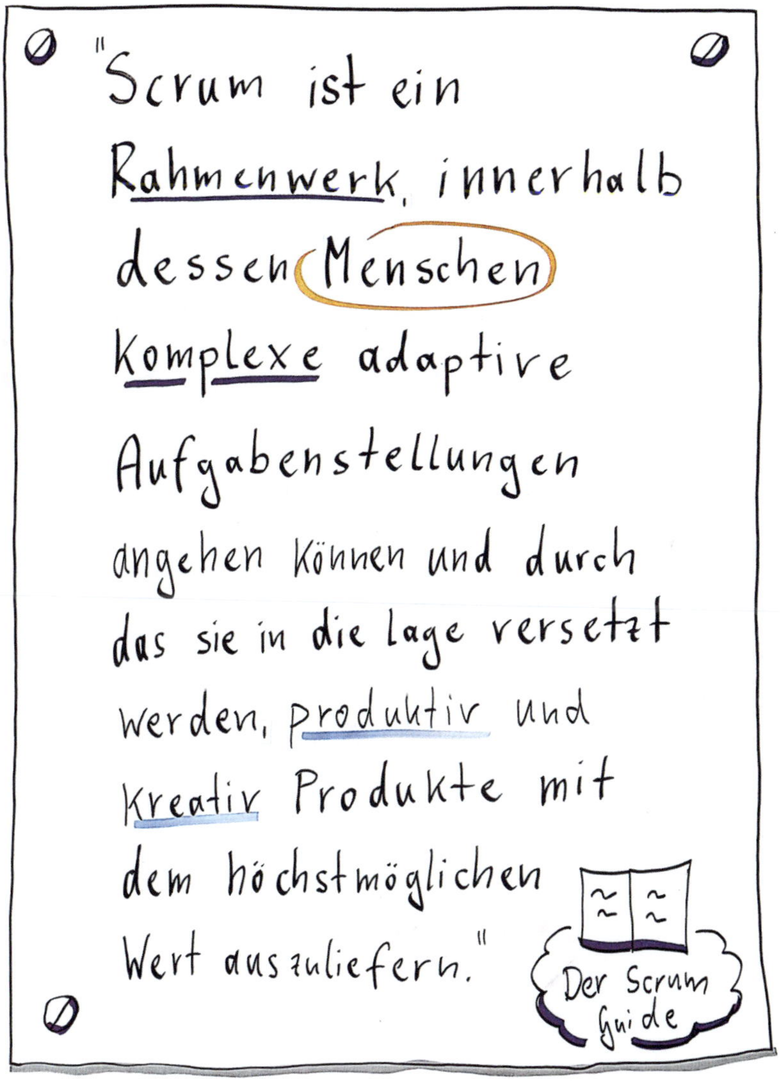

Abb. 3–12 Die Definition des Scrum Guide, in der wir von Teilnehmern genannte Highlights hervorgehoben haben.

Mit dem Nachliefern der Definition können wir nun davon ausgehen, dass unsere Teilnehmer dem restlichen Seminar über unseren Gedanken grundlegend folgen können, wenn wir etwas von einem Sprint Backlog oder einem Scrum Master erzählen. Gleichzeitig war diese Übung für die Teilnehmer recht interaktiv. Ein schöner erster Meilenstein des Trainings, an den sich je nach Gruppendynamik und Beginnzeit häufig die Mittagspause anschließt.

3.3.7 Simulation: Gemeinsam über die Grenze gehen

Mit einer richtig guten Simulation bringen wir mehr Erfahrungen in die Köpfe und Herzen unserer Teilnehmer als durch eine Stunde rhetorisch brillanten Vortrags. Woran liegt das? Eine starke Simulation konfrontiert einen mit einer herausfordernden und unausweichlichen Aufgabe. Je nachdem, ob man handelt oder nicht handelt, stellt sich ein spezifisches Ergebnis ein. Selbst freiwillig auszusetzen bei einer Aufgabe hat eine Konsequenz für sich persönlich und seine Gruppe.[23]

Mittlerweile gibt es viele Scrum-Simulationen und jede hat etwas für sich. Wir stellen hier eine von uns häufig verwendete Übung vor, die insbesondere durch ihre Kurzweiligkeit, hohe Interaktion und auch durch den Erlebnisfaktor für uns heraussticht. Die Grundform dieser Übung wurde vor vielen Jahren vom Organisationsentwickler Siegfried Kaltenecker und Scrum-Trainer Peter Beck entwickelt.

Nachteilig bei dieser Simulation ist vielleicht, dass sie in der Nachbereitung für die Teilnehmer etwas aufwendiger ist, um den konkreten Praxistransfer sicherzustellen. Dazu bedarf es an einigen Stellen konkrete Hilfestellung durch uns als Trainer. Dafür ist sie aber branchenagnostisch, sodass der Transfer der Kernideen von Scrum bis jetzt in jede Industrie gut gelungen ist.

Und nun tauchen wir mit ihr gleich gemeinsam in eine andere Welt ab.

23. Faktisch gesehen stellen wir jedem frei, ob er an einer Aktivität teilnehmen möchte. Da die Menschen zum Lernen gekommen sind, finden sich allerdings auch nur selten Beobachter, die es bevorzugen, nicht selbst aktiv im Geschehen zu sein.

Abb. 3–13 Die Teilnehmer bei der Lösung eines durchaus komplexen Problems

Mit großer Kraft kommt große Verantwortung

Vielleicht noch vorneweg: Diese in den folgenden Abschnitten beschriebene Seestern-Simulation braucht ein wenig Übung, um die gewünschten Ergebnisse zu erzielen. Wenn du irgendeine Chance hast, sie mindestens zwei- oder dreimal in einem geschützten Rahmen mit Kollegen oder Freunden durchzuführen, ersparst du dir vermutlich den ein oder anderen Rückschlag im Seminar. Das ist nicht die Übung, die du zum ersten Mal mit der C-Suite einer deutschen Großbank machen möchtest – zumindest ginge uns das so.

Wir haben nach ca. zwölf Durchführungen konstant sehr gute Ergebnisse erzielen können – diese waren den Aufwand des Lernens dann jedoch auch mehr als wert.

Die gute Nachricht: Die Welt geht nicht unter, wenn du kleinere oder gröbere Schnitzer produzierst. Solange Fehler dem Lernen dienen, verzeiht deine Teilnehmergruppe dir diese auch. Sollte dir diese Übung allerdings »einfach nicht liegen«, so ist das häufig genutzte Ball Point Game[24] bzw. die Ballpunkt-Fabrik eine gern genutzte und weitverbreite Alternative, auch wenn es aus unserer Sicht eher den leicht mechanistischen Gedanken der Flussoptimierung statt der Komplexität echter Produktentwicklung fokussiert. Darüber hinaus gibt es einen reichen Fundus an Übungen, den die agile Community auf der Webseite *TastyCupcakes.org* gesammelt hat oder auch in entsprechenden Büchern, wie von unserem Gastautor Marc Bleß [Bleß & Wagner 2020].

Experimentiere hier gerne, welche Simulation für dich die gewünschten Ergebnisse erzeugt. Wir empfehlen für die Dramaturgie des Trainings an dieser Stelle eine Simulation zu wählen, die in der Durchführung maximal 30 Minuten dauert, da die Teilnehmer oft das Bedürfnis verspüren, in die »Theorie« abzutauchen, die Simulation hier aber einen wichtigen und notwendigen Referenzrahmen gibt. Wir nennen das auch manchmal »praktische Theorie«. Eine längere Simulation macht die Teilnehmer in unserer Erfahrung eher unruhig und verschlechtert den Erlebnisrahmen des ersten Tages.

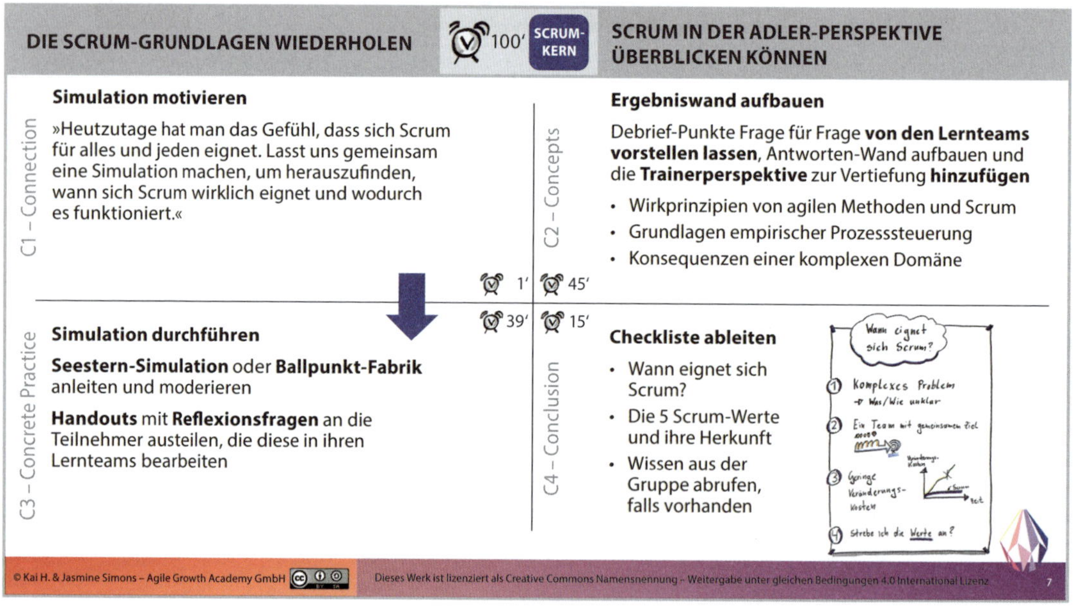

Abb. 3–14 Trainerleitfaden Seite 8: Die Wirkprinzipien von Scrum in der Praxis erleben

24. Siehe *agilegrowth.de/ball-point-game*.

Simulation motivieren (C1)

Die Intention der nun beginnenden Simulation ist es, herauszufinden, wann sich Scrum eigentlich eignet und durch welche Wirkprinzipien es funktioniert. Wir setzen die Motivation entsprechend genau hier an: Bei dem Interesse der Menschen, eine tiefere Klarheit zu erlangen:

> Heutzutage hat man das Gefühl, dass sich Scrum für alles und jeden eignet. Lasst uns gemeinsam eine Simulation machen, um herauszufinden, wann sich Scrum wirklich eignet und wodurch es funktioniert.

Simulation durchführen (C3)

Wir bitten alle, aufzustehen und für die Simulation im Raum Platz zu schaffen. Stühle, Tische, Unterlagen – alles muss zur Seite. Wir brauchen richtig Fläche, am besten 30–40 qm Freiraum.

> Ich freue mich riesig, mit so vielen herausragenden Meeresbiologen auf einmal zusammenarbeiten zu dürfen. Wie ihr längst wisst, soll hier eines der schönsten Meerwasseraquarien Deutschlands[25] entstehen. Die gute Nachricht: Wir bekommen gleich einige Lastwagen Sand – auch die ganze Filter- und Pumpentechnik sowie Bepflanzung haben wir zugekauft. Aber uns fehlt noch eine wichtige Zutat in unserem Aquarium: unsere Seesterne. Ein Seestern ist aus solchem Seestern-Baumaterial (ich zeige auf fünf je sechs Meter lange Seile) gemacht und liegt hier in unserem Aquarium. Insgesamt brauchen wir vier solcher Seesterne.
>
> Nun, ich war letztens auf einer Schulung, bei der es um agiles Vorgehen ging, und – ich bin jetzt kein Experte darin – was ich mitgenommen habe, ist, dass man am besten in kurzen Iterationen arbeitet:
>
> Wir haben also gleich drei Minuten Zeit zum Planen, zwei Minuten Zeit zum Bauen, eine Minute Zeit zum Überlegen, wie man besser Seesterne bauen kann, und dann wieder eine Minute Zeit zum Planen, dann wieder zwei Minuten zum Bauen, eine Minute zum Plan anpassen, dann ein kurzes Review und so weiter.

In den Köpfen deiner Teilnehmer könnte jetzt die Frage entstehen, was genau so schwierig daran sein soll, aus Seil einige Seesterne auf den Boden zu legen. Aus Trainerperspektive ist es nun sehr wichtig, diesen gesamten Einführungsblock so schnell wie möglich durchzuziehen und **keinen Raum für Fragen entstehen zu**

25. Respektive das Land oder die Stadt, in der du dein Training gibst.

lassen. Wir möchten die Teilnehmer mit einer herausfordernden Situation überraschen, um das initiale Chaos eines Projekts zu forcieren. Denn Scrum eignet sich eben für die Momente, in denen das Was und das Wie recht unscharf sind. Es gibt eine grobe »Aquarien-Vision«, ein paar Baumittel, eine Art selbstgemanagtes Team – und los geht's.

> Ah – es gibt noch eine kleine Einschränkung: Ihr müsst in jeder »Bauphase«, also immer dann, wenn direkt an den Seesternen gearbeitet wird, die Augen verbunden haben. Ich reiche eine Tüte mit Augenbinden herum. Dann greife ich zu meiner Signalpfeife und rufe: Sprint-Planung beginnt.
>
> Während die Teilnehmer gerade den Eindruck erwecken, als ob sie eine Dampfwalze überfahren hätte, ziehe ich mich schnell zurück und wirke unglaublich beschäftigt, damit mich bloß niemand anspricht. Ich mache in jedes Seil heimlich irgendwo in der Mitte ein oder zwei Knoten rein, um Fehler ins Material einzubringen. Mal sehen, was die Teilnehmer so planen derweil ... Nach drei Minuten sagt meine Signalpfeife, dass es Zeit für die nächste Phase ist: »Bitte die Augenbinde aufsetzen und loslegen.« Auf eventuelle Rückfragen antworte ich ab jetzt nur noch mit »Ihr seid die Experten« und zucke mit den Schultern.

In mehreren Iterationen arbeiten die Teilnehmer nun an ihren Seesternen. In jedem Review lernen sie ein wenig mehr darüber, wie ein Seestern aussieht und was uns als Product Owner von einer ersten Eröffnung des Aquariums noch abhält. Dabei geht es überwiegend um nachstehende Kriterien:

- Ein Seestern hat genau fünf Arme.
- Ein Seestern ist symmetrisch.
- Die eingesetzten Seile haben keine losen Enden, die übrig bleiben, oder ungenutzte Seillängen.
- Das Seil überlappt sich nicht.
- Das Seil enthält keine Knoten (denn diese symbolisieren Fehler).

In jedem Review bringen wir nur ein oder zwei Kriterien ein. Sollte ein Co-Trainer oder Facility Manager in der Nähe sein, spannen wir ihn gelegentlich als Kunden ein, um genau dieses Feedback zu geben. So wird den Teilnehmern in der Auswertung der Simulation später noch besser klar, dass wir Product Owner nur über ein begrenztes Feedback verfügen und wir im Endeffekt immer unsere Kunden und Anwender fragen müssen.

Nach jedem Review hat jedes Team[26] eine Minute Zeit, seinen Prozess zu verbessern und sich zu überlegen, wie und ob es das Sprint-Review-Feedback einarbeiten will. Innerhalb dieser kurzen Zeit finden die Teams meist eine kleinere Verbesserung, die dann ausprobiert wird, sodass zügig neue Ergebnisse entstehen.

Danach ist alles anders

Nach dieser dynamischen Seestern-Simulation ist die Atmosphäre im Trainingsraum häufig wie ausgewechselt. Wir merken das an der gelösten Stimmung, öfterem Lachen und einer gewissen Erleichterung, dass man sich nähergekommen – ja, zusammengerückt ist. Teambuilding par excellence für die gesamte Teilnehmergruppe sozusagen.

Auf dieser Energie surfen wir jetzt weiter in die detaillierte Nachbesprechung, denn neben dem hervorragenden Effekt für die Gruppendynamik wollten wir doch auch noch einige Lernziele erfüllen. Schauen wir uns also an, wie die Teilnehmer nun die idealen Erkenntnisse aus dem Erlebten ziehen können.

Hierzu erhalten die Teilnehmer direkt im Anschluss an das Ende der Simulation eine konkrete Aufgabe von uns in die Hand gedrückt, besser gesagt: Jedes Lernteam erhält solch eine Reflexionsanleitung mit vier Fragestellungen. Obacht: Dies sind gegebenenfalls andere Teams als die, in denen die Seesterne gebaut worden sind. Wir wollen hier den Seestern-Team-übergreifenden Austausch bewusst fördern.

Die vier Fragestellungen für jedes Team lauten:

1. Was außer den verbundenen Augen war an dieser Aufgabe herausfordernd?
2. Welche ähnlichen Phänomene kennt ihr aus eurer Arbeitspraxis?
3. Was wäre wohl bei einem sequenziellen Vorgehen passiert?
4. Was hilft uns dabei, Probleme, die eine hohe Ungewissheit haben, zu lösen?

Während die Teilnehmer sich durch die Aufgaben arbeiten, bereiten wir eine Ergebniswand vor. Auf diese soll in komprimierter Form zusammengetragen werden, wann sich Scrum eignet und weshalb es im richtigen Kontext funktioniert. Die Eignung des Rahmenwerks ist somit viel mehr das Ergebnis der Erkenntnisse der Teilnehmer selbst als etwas, das du als Trainer oder Trainerin »von außen« hinzufügen müsstest. Bewerte dabei selbst, was nachhaltiger in puncto Veränderung wirkt: eigene Erkenntnisse oder erhaltene Ratschläge?[27]

---

26. Teams sind streng genommen in der Übung nicht vorgeschrieben. In der Praxis bilden sie sich trotzdem fast immer heraus.
27. Unsere Meinung dazu haben wir in der Podcast-Folge #006: »Fünf Dinge, die man von Profi-Coaches klauen sollte« unter *agilegrowth.de/profi-coaches* ausführlich besprochen.

Ergebniswand aufbauen (C2)

Abb. 3–15 Kai bei der Nachbesprechung der Seestern-Übung vor der Ergebniswand

Was an der Aufgabenstellung war komplex?

Durch die verbundenen Augen fanden sich alle Teilnehmer in der Situation wieder, nicht genau zu wissen, wie man eigentlich Seesterne gemeinsam baut, ohne etwas zu sehen. Dies ist also eine Schwierigkeit im »Wie«: Wie genau baut man blind Seesterne? Dazu kam noch, dass wir als Product Owner und Visionäre des Aquariums recht einsilbig waren und auch eher auf das Grobe geblickt haben. Somit konnten wir erst durch verschiedene Feedbackzyklen gemeinsam lernen, was einen funktionalen Seestern ausmacht. Diese Herausforderung betraf also vorwiegend das »Was«: Was genau sollen wir eigentlich bauen, damit unser Kunde es mag?

Üblicherweise werden deine Teilnehmer diese Lernpunkte etwas anders bezeichnen:

- »unterschiedliche Vorstellungen«
- »keine klaren Produktanforderungen«
- »keine Erfahrung«
- »Aktion zieht ungewollte Reaktionen nach sich«
- »unklar, ob Bug oder Feature«
- »abhängige Aktivitäten, die man nicht gesehen hat«

Wir schließen den Erkenntniskreis zwischen unserer Trainerperspektive und den Teilnehmerantworten dann gerne durch eine kurze Komplexitätsdiskussion anhand des vereinfachten Stacey-Diagramms[28] [Stacey 1996] oder des Cynefin-Modells [Kurtz & Snowden 2003], bevor wir zur nächsten Frage übergehen.

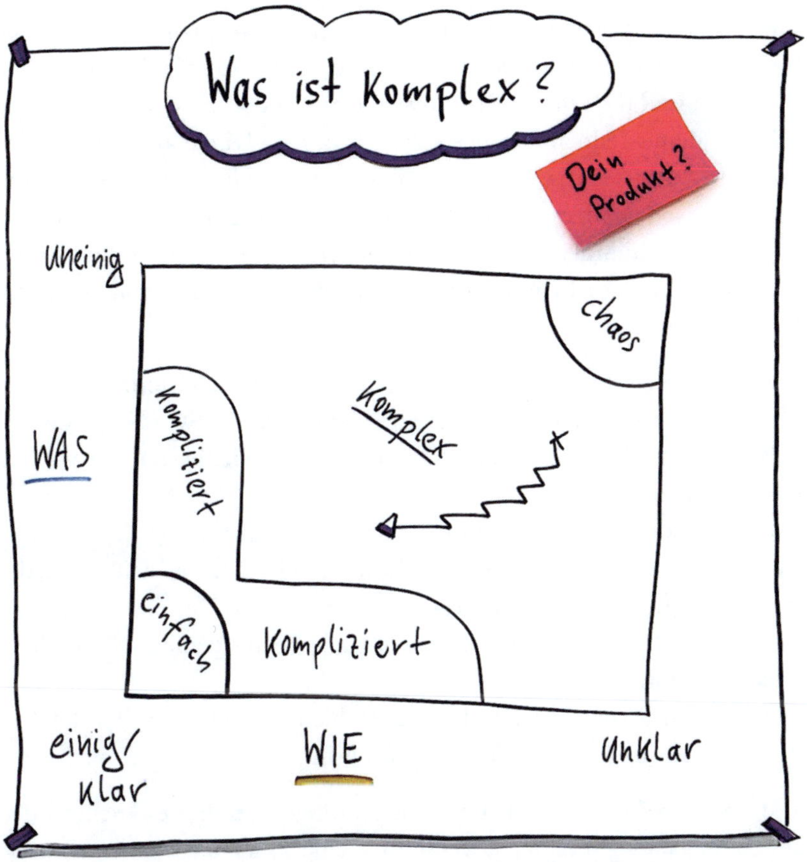

Abb. 3–16 Das sogenannte »Stacey-Diagramm« ist ein einfaches Modell, um die Zone der Komplexität, die Scrum betrifft, in einen besser greifbaren Kontext zu setzen. Hier dargestellt mit einer ergänzenden Aufgabe für die Teilnehmer, ihr eigenes Produkt im Diagramm zu verorten.

28. Die Darstellung der Zusammenhänge in Bezug auf Komplexität wurden von Ralph Stacey selbst mittlerweile widerrufen. Er selbst steht schon lange nicht mehr zu seinem *Stacey-Landscape-Modell*. Wir finden die Idee seiner Visualisierung in der Erklärung der Grundidee, wann sich Scrum eignet, unabhängig davon nach wie vor hilfreich. Das Cynefin-Framework bietet da mehr Tiefe und Wahrheit, jedoch ist es auch in der Vermittlung durchaus anspruchsvoll, sofern man nicht nur seinen Kategorisierungsaspekt ansprechen möchte. Wir entscheiden hier von Gruppe zu Gruppe je nach Erfahrungshorizont, Seminarlänge und Kontext.

Welche Einschränkungen und Hindernisse der Simulation sind dir aufgefallen, die du auch aus deiner Berufspraxis kennst?

Jetzt zeigt sich, wie es um unsere Beobachtungsgabe während der Simulation stand. Üblicherweise erstellen wir parallel zum Geschehen ein Beobachtungs-Flipchart, um wichtige Schlüsselmomente direkt, wenn sie passieren, festzuhalten. Im Eifer des Gefechts ist das gar nicht so leicht. Du darfst dich ja auch noch auf deine Product-Owner-Verantwortlichkeit konzentrieren, dabei auf die Sicherheit der Teilnehmer achten und die kurzen Zeitintervalle an- und abmoderieren.

Während deine Teilnehmer hier meistens etliche Dinge aus ihrer Praxis wiedererkennen, ist der wichtigste Teil dieser Nachbesprechung, dass wir die **konkreten Bezüge zwischen einer agilen Produktentwicklung und der Simulation darstellen** – und dies sind meist sehr viele. Umso erfahrener du in Agilität bist, umso mehr kannst du hier erzählen. Unter den wichtigsten von uns genannten Punkten findet sich häufig:

- Am Anfang herrschte Chaos in Bezug auf die genaue Vision, Teammitglieder und Struktur sowie mangelnde Klarheit bei den Verantwortlichkeiten.
- Die Beziehung zwischen Product Owner und Entwicklerinnen war ungünstig bis nicht existent.
- Einzelne Seestern-Teams konzentrierten sich zu sehr auf ihr Teilprodukt und ließen das Gesamtprodukt des Aquariums außer acht, was den Erfolg des ganzen Unterfangens ins Wanken bringt.
- Es gab keine Definition of Done, was für alle Teams gemeinschaftlich »fertiggestellt« bedeutet.
- Es gab keinen Scrum Master, der die Probleme hätte feststellen können und sich für die Lösung verantwortlich gefühlt hätte.

Solltest du bei der Vorstellung deiner Beobachtungen herzhaftes Lachen oder auch ein Raunen im Saal wahrnehmen, weißt du: Deine Teilnehmer haben sich selbst ertappt bei ihren ach so menschlichen Dysfunktionen. Das ist gut, denn Emotionen gepaart mit Inhalten sind eine sehr gute Voraussetzung für langfristiges Lernen, wie wir in Abschnitt 4.3 noch ausführen werden.

Welches Ergebnis hätte ein Staffelholz-Vorgehen vermutlich produziert?

Scrum wird gerne mit klassischer Produktentwicklung kontrastiert. Diese verläuft eher linear und hat sich eine Zeit lang am falsch verstandenen sogenannten »Wasserfallmodell« von Winston Royce [Royce 1987] orientiert.

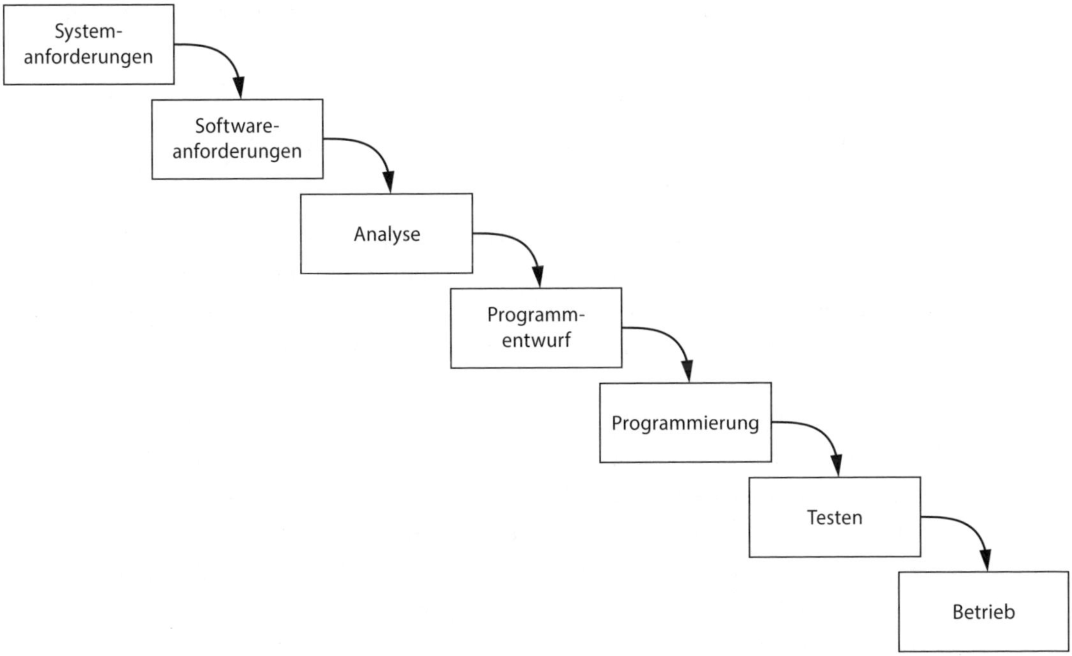

Abb. 3–17 Das beliebte von Winston Royce entnommene, aber falsch verstandene Bild einer linearen Softwaresystementwicklung

Selbst Royce sagte jedoch direkt unter seiner häufig zitierten Abbildung: »Ich glaube an dieses Konzept, aber die oben beschriebene Umsetzung ist riskant und lädt zum Scheitern ein.«

Der Kontrast zwischen klassischer Produktentwicklung und agiler Produktentwicklung ist also etwas überspitzt – und dennoch lohnt sich ein Vergleich. Denn auch heutzutage gibt es noch viele Unternehmen, die Produkte über Monate am Reißbrett entwerfen, diese lange Monate bis Jahre produzieren und sie mit Qualitätsmängeln, Terminverzug oder mangelndem Kundennutzen wieder einstampfen. Ein lineares Modell hat eine hohe Wahrscheinlichkeit des Scheiterns in komplexen Umgebungen.

Wir lassen die Teilnehmer berichten, was ihre Prognosen für unser Aquarium im Staffelholz-Vorgehen gewesen wären. Wichtig ist, dass dabei natürlich die gleichen Rahmenbedingungen vorgelegen hätten: die Augen verbunden beim Bauen, ein schlecht verfügbarer Product Owner, kein Wort über Knoten in möglichen Vorgesprächen.

Die Antworten der Teilnehmer sind oft vernichtend für das Wasserfall-Vorgehen:

- zufälliges Resultat
- Produkt wäre nicht abgenommen worden
- Risiko, dass nach der Planung gar kein Ergebnis entsteht
- nicht erledigt/wunschgemäß

Jetzt fehlt nur noch die Verknüpfung zur wirtschaftlichen Bedeutung dieser Erkenntnis, wieso es auch im Interesse der Stakeholder sein sollte, agil zu arbeiten. Denn die Stakeholder müssen ja gegebenenfalls auch die Veränderung und die Coaching-Aufwände investieren, um an die schönen Vorzüge von Agilität zu gelangen …

> Die Lernteams haben gerade ihre Antworten vorgetragen und die Haftnotizzettel mit ihren Antworten an der Ergebniswand befestigt. Ich kommentiere das überspitzt mit einem lapidaren Satz: »Also wenn ich die Wahl habe zwischen einem Soft-Opening meines Aquariums nach dem dritten Sprint oder dem Risiko, nach gleich langer Entwicklungszeit gar nichts zu haben, dann weiß ich, was ich als Unternehmer wähle: Cashflow und die frühe Chance auf Gewinne. Meine Präferenz für einen Ansatz ist hier klar.«

Was hat geholfen, das komplexe Problem zu lösen?

Die meisten Seminargruppen schaffen es, innerhalb von mehreren Sprints ein brauchbares Aquarium zu fertigen. Doch wie kann es sein, dass man solch ein komplexes Vorhaben »bis zur Marktreife« bringt trotz widriger Umstände in der Domäne? Genau darüber könnten deine Teilnehmer in dieser Frage reflektiert haben und vielleicht zu solchen Antworten gekommen sein:

- Try & Error
- Feedback
- Prozessverbesserungen
- Ideen in mehreren Iterationen weiterentwickeln
- verschiedene Inputs aus Teams

Basierend auf diesen oder ähnlichen Antworten, ist es Zeit, das Geheimrezept für erfolgreiche agile Produktentwicklung vorzustellen: **empirische Prozesskontrolle durch selbstgemanagte Teams.**

Abb. 3–18 Auch wenn unser Thermomix-Gerät zu Hause für beides gut ist: Wir differenzieren hier zwischen Kochen und Backen, um empirische Prozesskontrolle verständlich zu machen.

Als Analogie verwenden wir gerne den Unterschied zwischen Kochen und Backen, den wir von [Greaves 2016] gelernt haben. Dazu malen wir vorab zwei Symbolgrafiken auf ein Flipchart, um die Neugierde unserer Teilnehmer zu wecken.

> Wenn ich einen Schokoladenkuchen backen möchte, packe ich nacheinander alle Zutaten in der passenden Menge in eine Schüssel, verrühre alles und fülle den Teig dann in eine Kuchenform und stelle sie für 35 Minuten bei 200 Grad in den Ofen. Das ist ein sehr reproduzierbarer Prozess. Ich mache das hundertmal und es kommt immer das Gleiche raus: ein leckerer Kuchen. So funktioniert definierte Prozesskontrolle. Im Gegenzug dazu möchte ich Spaghetti Bolognese zubereiten: Ich kaufe auf dem Wochenmarkt Fleisch, Tomaten, Knoblauch, Zwiebeln, eine Möhre und Parmesan. Während ich die Sauce zubereite, muss ich immer wieder abschmecken: etwas mehr Salz? Waren die Tomaten zu wässrig? Muss ich mit Tomatenmark nachbinden? Sind die Nudeln schon al dente? Hier zeigt sich die Stärke empirischer Prozesskontrolle: Sie lebt von Transparenz, Inspektion und Adaption. Ich nehme also alle paar Minuten einen Probierlöffel zur Hand und schmecke ab. Dazu inspiziere ich das aktuelle Bolognese-Saucen-Inkrement, adaptiere, um das Produktziel zu erreichen. Das geht nur mit Zugang zum Kochtopf, also Transparenz.

3.3.8 Die Eignung des Rahmenwerks entdecken

Menschen lieben Checklisten. Gerade wenn die Materie neu und herausfordernd ist, wünscht man sich die Einfachheit und Klarheit des Wesentlichen. Deswegen bieten wir zum Abschluss des heutigen Lern-Sprints des »Scrum-Fundaments« gern eine kleine Checkliste an, die die Teilnehmer mit uns zusammen entwickeln.

Sie besteht aus vier Punkten, die zu Beginn nur als unkommentierte Zahlen auf einem Flipchart stehen und mithilfe der Gruppe sukzessive im Dialog zusammengetragen werden.

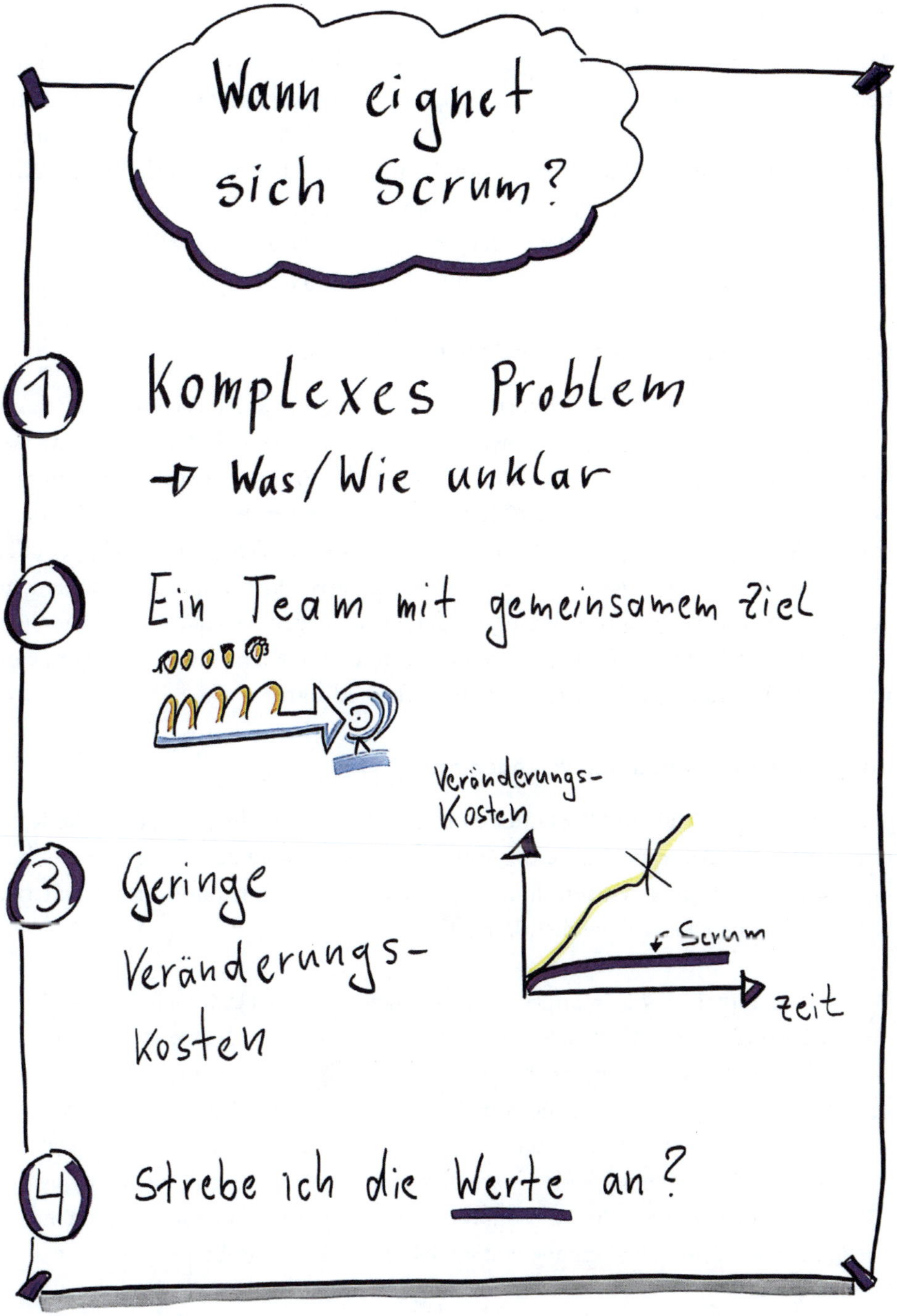

Abb. 3–19 Checkliste für die Eignung vom Scrum

Der erste Aspekt: Ein komplexes Problem

Anhand des Stacey-Diagramms oder des Cynefin-Modells haben wir die Vorarbeit ja bereits geleistet: Scrum eignet sich, wenn das Was und/oder Wie nicht ganz klar sind. Wir iterieren in kleinen Schritten auf das Ziel zu, in etwa wie Autofahren im starken Nebel: Man fährt ein Stück und achtet darauf, innerhalb der Fahrbahnmarkierungen zu bleiben, obwohl man die Hand vor Augen nicht sieht. So kommt man auch bei schwierigen Bedingungen sicher an. Dieser Punkt leuchtet den Teilnehmern nach der Seestern-Simulation intuitiv ein.

Der zweite Aspekt: Ein Team mit einem gemeinsamen Ziel

Ein Team von Vertriebsmitarbeitern als Scrum-Team in seinem Unternehmen zu organisieren, mag verlockend erscheinen, um eine New-Work-Kultur der Partizipation und Selbstverantwortung zu stärken. In der Praxis haben Vertriebsmitarbeiter aber meistens recht isolierte Ziele, die sich nur auf den jeweiligen Kundenstamm des einzelnen Betreuers beziehen. Sie verstehen sich zwar gegebenenfalls als Team, haben aber mehrere Ziele. Es ist ein bisschen so, als wenn bei einem Scrum[29] regelmäßig mehrere Bälle auf dem Feld liegen würden. **Wir brauchen also in diesem Fall kein Team, das gemeinsam in eine Richtung geht. Scrum eignet sich hier und in ähnlichen Fällen nur sehr bedingt.**

Der dritte Aspekt: Kosten von Veränderung

Wer mit Scrum gerne ein Haus oder Auto entwickeln möchte, darf über die Kosten von Veränderung im Laufe der Entwicklungszeit nachdenken. IT-Teams haben da einen enormen Vorteil dank der ausgefeilten Branchenpraktiken. Hierzu teilen wir gerne eine entsprechende Erfahrung:

> Als ich während meines Informatikstudiums in der Aachener Unternehmensberatung an unserem Softwareprodukt arbeitete, gewöhnten wir uns als Scrum-Team an, früh und häufig an unseren Kunden auszuliefern. Bis dato wurden alle wichtigen Randfälle der zentralen und wichtigen Deckungsbeitragsberechnung manuell getestet. Vor jeder Auslieferung druckten wir unser mehrseitiges Testprotokoll aus und arbeiteten einen Testfall nach dem anderen ab. Bei einem zweiwöchentlichen Auslieferungszyklus wurde uns das schnell zu mühsam. Wir investierten in automatische Testwerkzeuge und schrieben uns ein BDD[30]-basiertes Testnetz,

29. Hier meinen wir tatsächlich einmal den namensgebenden Rugby-Spielzug des Gedränges.
30. Behavior Driven Development ist eine Technik der agilen Softwareentwicklung, die die Zusammenarbeit zwischen Qualitätsmanagement und Business-Analyse in Softwareentwicklungsprojekten stärkt.

> das uns auf Knopfdruck sagte, ob wir bei einer Veränderung irgendetwas Wichtiges zerstört hatten. Es war damit nicht nur leichter, als Entwickler nachts ruhig zu schlafen, sondern auch in hoher Qualität auszuliefern. Veränderungen an unserer Software waren also auch nach Monaten noch verhältnismäßig günstig und leicht zu machen, da wir jederzeit wussten, ob noch alles funktioniert. Und auch Programmcode per se lässt sich in der Regel recht kostengünstig verändern, wenn man nicht über Jahre technische Schulden aufgebaut hat und die Technologien hoffnungslos veraltet sind.

Somit wird deutlich, dass die Veränderungskosten in gut gepflegten Softwareprodukten langfristig niedrig sind. Doch wie sieht es mit einem Hardwareprodukt wie einem Haus aus? Wenn du in Sprint 18 einen Keller nachträglich ausheben möchtest, wird der Abbau des restlichen, schon aufgebauten Hauses relativ teuer. Das Agile Manifest möchte ja Änderungen, selbst spät in der Entwicklung, willkommen heißen – aber bei diesen Veränderungskosten wollen wir definitiv nicht iterieren. Dein Architekt wird also vermutlich kein Freund von Agilität werden, wenn es nicht nur darum geht, mit einem VR-Helm auf einem 3D-Modell zu iterieren.

Das heißt in der Essenz: Scrum ist auch bei Hardwareprodukten teilweise sinnvoll möglich einzusetzen und die Ursprungsidee von Scrum ist nicht zuletzt hier geboren worden. Scrum bei physikalischen Produktentwicklungen einzusetzen ist jedoch immer mit Zusatzherausforderungen verbunden: Wie kann der Produktentwicklungsfortschritt möglichst früh sichtbar gemacht werden, um daraufhin Feedback einzuholen? Welchen Aufwand bedeutet ein regelmäßiger Umbau des vorhandenen Produktinkrements, um dieses Feedback zu reflektieren?

Der vierte Aspekt: Die Scrum-Werte

Scrum ist ohne Frage ein Kulturwandler. Wenn die Kultur der Schatten einer Organisation ist, dann zeigt sich im Verhalten der Menschen im Unternehmen, was ihnen wichtig ist. Wenn jemand nach agilen Vorgehensweisen arbeitet, beinhaltet dies meistens eine zugrunde liegende spezifische Wertehaltung. Diese stammt aus zwei wichtigen Quellen: dem Agilen Manifest[31] und dem Scrum Guide[32].

Während wir das Studium des Agilen Manifests den Teilnehmern oft zum selbstständigen Lernen empfehlen oder auch in dreitägigen Schulungen ausführlicher behandeln, liegt an dieser Stelle der Fokus stärker auf den Scrum-Werten. Diese wurden im Juli 2016 in den Scrum Guide aufgenommen, um die Kulturkompo-

---

31. Siehe *agilemanifesto.org* und auch unseren Agile Growth Podcast, Folge #003, in der wir auf weitere Hintergründe zum Agilen Manifest eingehen und mit beliebten Missverständnissen aufräumen: *agilegrowth.de/alles-agil*.

32. Siehe *scrumguides.org* bzw. nachlesbar unter *agilegrowth.de/scrum-guide*.

nente von Scrum zu betonen. Ein kleines wiederum von [Greaves & Laing 2016] inspiriertes Lückentext-Rätsel bringt diese schnell und mit Vergnügen ins Gespräch. Zur Abrundung diskutieren wir meist gemeinsam über die Bedeutung dieser Werte und die Herausforderungen in der Praxis, wenn das eigene Unternehmen oder der eigene Kontext andere Werte verfolgt.

Die Eignung von Scrum hängt dabei nicht zwangsläufig davon ab, ob man diese Werte schon lebt – dann bräuchte man ja keinen Kulturwandler. **Ob diese Werte allerdings angestrebt werden, ist eine wichtige Frage, die die Auftraggeber einer agilen Transition durchaus beantworten sollten.**

Abb. 3–20 Die fünf Scrum-Werte geben Orientierung in der Ausübung von Scrum.

3.3.9 Sauber abschließen mit Sprint-Review und Sprint-Retrospektive

Um die Idee der Vermittlung von Scrum durch Scrum selbst konsequent umzusetzen, endet der erste Seminartag mit einem Sprint-Review und einer Sprint-Retrospektive. So gewöhnen sich unsere Teilnehmer daran, dass Scrum eine ritualisierte Ereignisstruktur benutzt, und wir zeigen auf, wie diese einen Mehrwert bietet – und das bereits jetzt, obwohl das Thema der Scrum-Ereignisse erst am Folgetag tiefer besprochen wird.

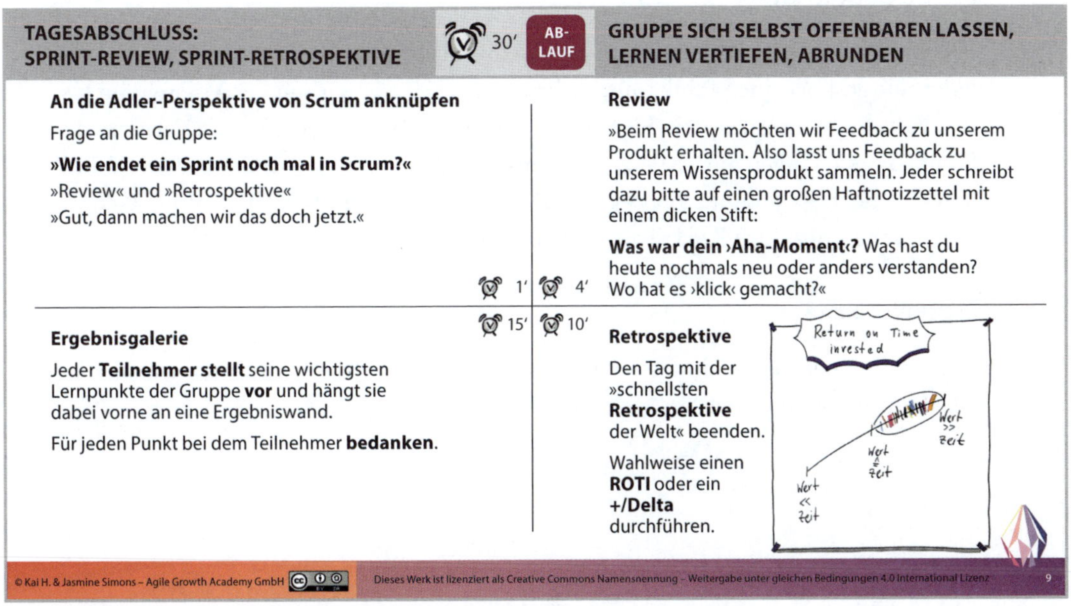

TAGESABSCHLUSS: SPRINT-REVIEW, SPRINT-RETROSPEKTIVE 30′ AB-LAUF **GRUPPE SICH SELBST OFFENBAREN LASSEN, LERNEN VERTIEFEN, ABRUNDEN**

An die Adler-Perspektive von Scrum anknüpfen

Frage an die Gruppe:

»Wie endet ein Sprint noch mal in Scrum?«

»Review« und »Retrospektive«

»Gut, dann machen wir das doch jetzt.«

1′

Ergebnisgalerie 15′

Jeder **Teilnehmer stellt** seine wichtigsten Lernpunkte der Gruppe **vor** und hängt sie dabei vorne an eine Ergebniswand.

Für jeden Punkt bei dem Teilnehmer **bedanken**.

Review 4′

»Beim Review möchten wir Feedback zu unserem Produkt erhalten. Also lasst uns Feedback zu unserem Wissensprodukt sammeln. Jeder schreibt dazu bitte auf einen großen Haftnotizzettel mit einem dicken Stift:

Was war dein ›Aha-Moment‹? Was hast du heute nochmals neu oder anders verstanden? Wo hat es ›klick‹ gemacht?«

Retrospektive 10′

Den Tag mit der »schnellsten **Retrospektive** der Welt« beenden.

Wahlweise einen **ROTI** oder ein **+/Delta** durchführen.

 9

Abb. 3–21 Trainerleitfaden Seite 9: Tagesabschluss: Sprint-Review, Sprint-Retrospektive

An die Adler-Perspektive von Scrum anknüpfen

Durch die Vorerfahrung, Scrum im Überblick bereits im Selbststudium durchdrungen und in der Wiederholung vertieft zu haben, kannst du leicht den Tagesabschluss einleiten.

> »Wie endet ein Sprint noch mal in Scrum?«, frage ich die Teilnehmer. Die Gesichter der Teilnehmer drücken müde Zufriedenheit über das gemeisterte Lernen des Tages aus. Zeitgleich sagen sie mir auch, dass es langsam Zeit ist, den Tag zu beenden. 20 Minuten halten sie gerade noch durch, mutmaße ich innerlich. Gut, dass die abschließenden Übungen interaktiv sind. Die Gruppe antwortet: »Mit einem Review – und einer Retrospektive.« »Gut«, erwidere ich, »dann machen wir das doch.«

Review

In unserem Sprint-Review geht es darum, das Wissensprodukt – also das Lernen in den Köpfen und Herzen der Teilnehmer – zu inspizieren. Dadurch angeregt wollen wir vielleicht auch unser morgen noch zu entwickelndes Produkt adaptieren. Mit einigen einfachen Fragen kannst du diese »Inspektion« anregen:

- Was war dein »Aha-Moment«?
- Was hast du heute nochmals neu oder anders verstanden?
- Wo hat es »klick« gemacht?

Wir bitten die Teilnehmer, die Antworten auf Haftnotizzettel zu schreiben. Sobald jeder mindestens einen Punkt aufgeschrieben hat, legen wir mit der Vorstellung los.

Falls du beim Anzapfen des Scrum-Wissens deiner Teilnehmer die Variante der Scrum-Vorstellungen mit »Missverständnis-Haftnotizzetteln« (siehe Abschnitt 3.3.6) gewählt hast, ist jetzt auch ein guter Zeitpunkt, an dem sich die Gruppe Gedanken machen und ihre Korrekturergebnisse teilen kann.

Ergebnisgalerie

Nun stellt jeder Lernende seine Punkte vor, während er die Haftnotizzettel an eine Moderationswand oder ein Flipchart hängt.

Abb. 3–22 Das Sprint-Review-Ergebnis einer Teilnehmergruppe

Die Gruppe erfährt so, wer welchen Erkenntnisgewinn und wer welchen persönlichen Fortschritt erreicht hat. Dies anzuhören ist nicht nur zutiefst befriedigend für die Teilnehmer selbst, da es sich wie das kollektive Ergebnis der Anstrengungen des Tages anfühlt, auch wir als Trainer dürfen diesen Moment genießen. Denn weshalb sonst sollte man Seminare geben, wenn wir als Leitende nicht auf die Erkenntnisgewinne unserer Teilnehmer aus wären?

Retrospektive

Nun ist die Zeit meist knapp. Es braucht ein sehr kurzes Retrospektivenformat. Doch bevor wir die Retrospektive einleiten teilen, wir noch kurz die Beginnzeit für den Folgetag mit:

> »Morgen um 9 Uhr geht es hier weiter. Wir beenden jetzt den Tag mit der kürzesten Retrospektive der Welt.« Danach bitte ich die Teilnehmer beim Rausgehen den Wert des heutigen Tages für sich selbst persönlich einzuschätzen und entsprechend mit einem Strich auf dem dafür vorbereiteten Flipchart einzutragen.

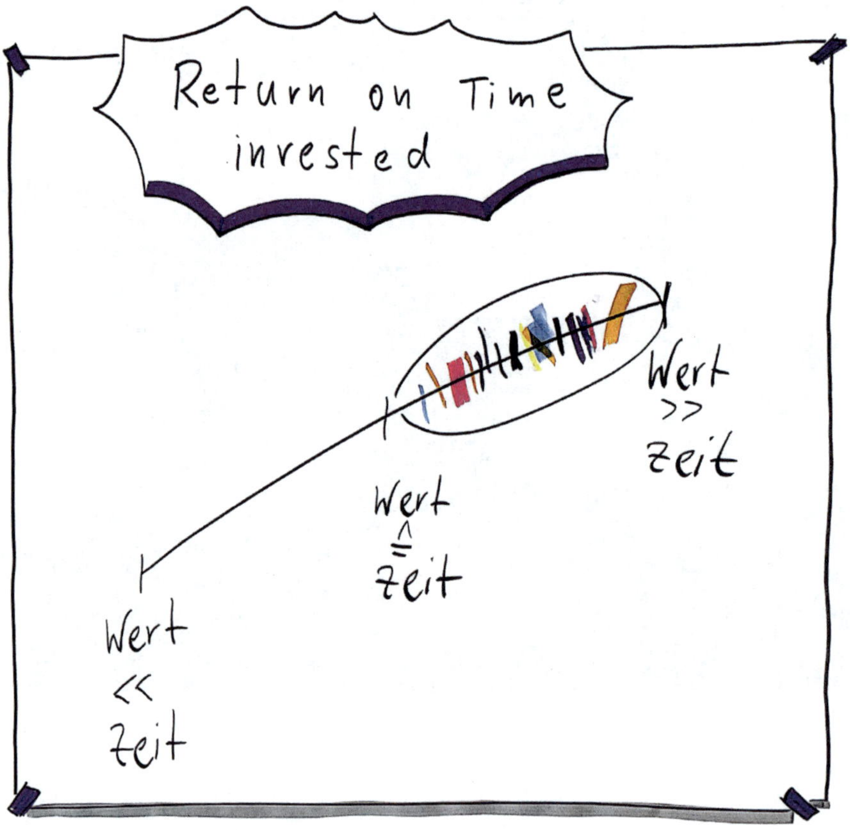

Abb. 3–23 Der »ROTI« lässt auf den ersten Blick erkennen: Der Zeiteinsatz an diesem Tag hat sich für alle gelohnt.

Dieses »Return on Time invested« oder auch kurz »ROTI« genannte Format vermittelt ziemlich schnell die Information, ob man es über den Tag hinweg geschafft hat, signifikanten Wert zu erzeugen, oder inhaltlich an der Gruppe vorbeigeschossen hat. Während der am Folgetag stattfindenden Sprint-Planung wird dieses Ergebnis dann besprochen und mit eventuellen Maßnahmen versehen.[33]

3.4 Der zweite Trainingstag

Die Nacht ist rum. Sie war wichtig, damit unsere Teilnehmer ihre Gedanken sortieren konnten. Zugegeben – dies hat eher ihr Unterbewusstsein für sie erledigt – und dennoch: Für die Vertiefung ist diese Verarbeitungszeit Gold wert. Auf diesem Prozess beruhend werden wir gleich in einem Product Backlog Refinement unsere Lern-Backlogs auf Vordermann bringen. Aber bevor wir das tun, starten wir erst mal in den Tag.

Meist sprechen wir kurz über das Sprint-Ziel des heutigen Tages. Abhängig von der Art des Seminars mag das sein, Scrum im Detail zu verstehen oder die Verantwortlichkeiten des Scrum Masters oder Product Owners zu vertiefen. Manchmal ist es auch der Scrum-Praxis-und-Transfer-Tag, vor allen Dingen, wenn es sich um ein Inhouse-Training handelt.

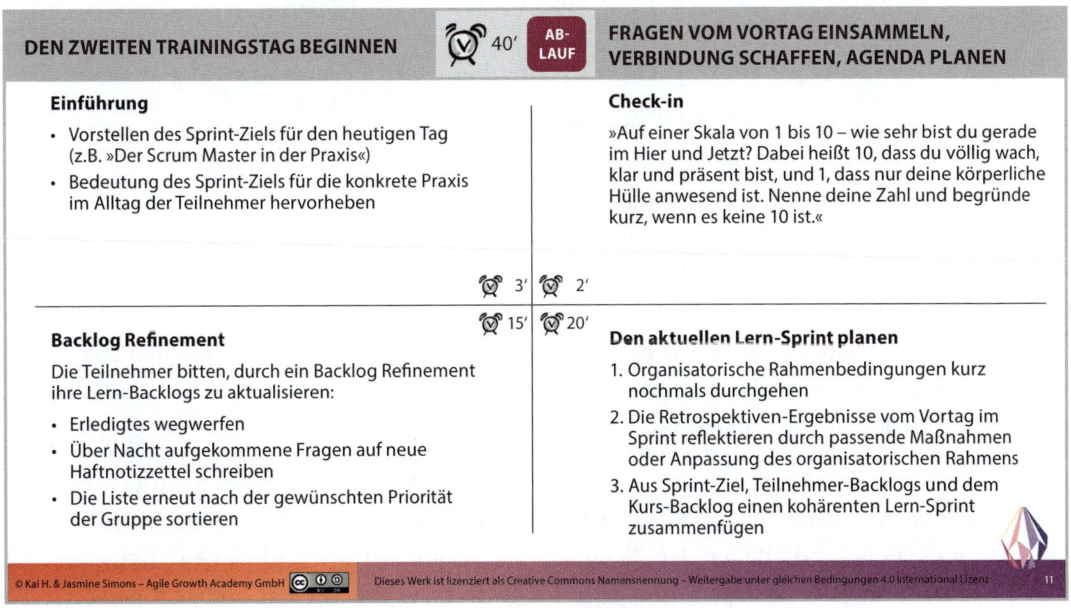
DEN ZWEITEN TRAININGSTAG BEGINNEN 40′ AB-LAUF FRAGEN VOM VORTAG EINSAMMELN, VERBINDUNG SCHAFFEN, AGENDA PLANEN

Einführung 3′

- Vorstellen des Sprint-Ziels für den heutigen Tag (z.B. »Der Scrum Master in der Praxis«)
- Bedeutung des Sprint-Ziels für die konkrete Praxis im Alltag der Teilnehmer hervorheben

Check-in 2′

»Auf einer Skala von 1 bis 10 – wie sehr bist du gerade im Hier und Jetzt? Dabei heißt 10, dass du völlig wach, klar und präsent bist, und 1, dass nur deine körperliche Hülle anwesend ist. Nenne deine Zahl und begründe kurz, wenn es keine 10 ist.«

Backlog Refinement 15′

Die Teilnehmer bitten, durch ein Backlog Refinement ihre Lern-Backlogs zu aktualisieren:

- Erledigtes wegwerfen
- Über Nacht aufgekommene Fragen auf neue Haftnotizzettel schreiben
- Die Liste erneut nach der gewünschten Priorität der Gruppe sortieren

Den aktuellen Lern-Sprint planen 20′

1. Organisatorische Rahmenbedingungen kurz nochmals durchgehen
2. Die Retrospektiven-Ergebnisse vom Vortag im Sprint reflektieren durch passende Maßnahmen oder Anpassung des organisatorischen Rahmens
3. Aus Sprint-Ziel, Teilnehmer-Backlogs und dem Kurs-Backlog einen kohärenten Lern-Sprint zusammenfügen

Abb. 3–24 Trainerleitfaden Seite 11: Den zweiten Trainingstag beginnen

33. Streng genommen müsste man die Maßnahmen in der Retrospektive genau jetzt ableiten. Mangels verbleibender analytischer Brainpower unserer Teilnehmer zu diesem Zeitpunkt verschieben wir diesen Teil aber regelmäßig auf die Sprint-Planung des Folgetags auf Kosten der idealen Stringenz. Bisher haben unsere Teilnehmer dennoch verstanden, dass eine Retrospektive Verbesserungen nach sich ziehen muss.

3.4.1 Ein Check-in am Morgen

In vielen verteilt arbeitenden Teams haben wir in der Vergangenheit ein kleines Check-in-Muster eingesetzt, das wir von Andreas Schliep gelernt haben. Es sorgt in aller Kürze dafür, dass alle im Raum einen ersten Anhaltspunkt haben, wie es jedem geht, und gibt uns als Scrum Master oder Moderatoren Hinweise, wo es eventuell spezielle Aufmerksamkeit braucht. Oft starten wir ja einfach so in irgendein Meeting oder Thema rein in der Annahme, alle wären fit, konzentriert und gut gelaunt. Doch meist ist dem eben nicht so. Wir lassen dieses Check-in-Muster der Eröffnung folgen:

> »Zum Check-in in den Tag möchte ich euch bitten, auf einer Skala von 1 bis 10 einzuschätzen, wie sehr jeder von euch gerade präsent ist. Eine 10 bedeutet, du bist wach, klar und völlig präsent hier, während eine 1 heißt, dass nur deine körperliche Hülle gerade anwesend ist. Gib die Zahl aus deinem Bauchgefühl heraus an und ergänze, falls du keine 10 hast, wieso das gerade so ist, damit wir dich besser verstehen.« Ich werfe einen Redeball zu meinem ersten mich anschauenden Teilnehmer, der zunächst überrascht nach kurzem Grübeln beginnt.

Als Gruppe haben wir so zügig einen Überblick, der meistens wie folgt aussieht:

- »Ich bin bei einer 7, ich habe gerade noch einige E-Mails geschrieben und bin da gedanklich noch dran.«
- »Ich bin bei einer 10, alles fit, auf geht's!«
- »Ich bin bei einer 5, meine Kleine hat heute Nacht wieder gezahnt und wir haben echt mies geschlafen.«
- »Ich bin bei einer 8, noch ein Kaffee, dann passt es schon.«
- »Ich bin bei einer 3, ich habe gleich um 11:30 eine nicht verschiebbare Vorstandspräsentation für ein Projekt, an dem ich jetzt seit zwei Jahren arbeite, was mir so gar nicht passt. Blöd, aber ist so.«

Als Moderatoren achten wir vor allen Dingen auf alle mäßigen bis niedrigen Bewertungen, denn hier wird es kritisch: Dein Teilnehmer hat einen recht hohen »mentalen Load« neben dem Seminar. Das verhindert womöglich den Fokus auf Inhalte und die Gruppe – und steht so unter Umständen nicht nur dem persönlichen Lernen, sondern auch dem Ziel aller Anwesenden im Weg. Auf jeden Fall ist es schon einmal gut, dass, wenn dem so ist, es mindestens alle wissen. Eine »gesunde« Gruppe wird dem mit Empathie begegnen, sofern es sich dabei um ein nachvollziehbares Thema handelt.

Vielleicht gibt es etwas, das du oder die Gruppe diesen Teilnehmern anbieten kann, eventuell auch erst in der Kaffeepause im Einzelgespräch. **Wir fragen also bei allen Meldungen unter einer Wertung von sechs nach, was diejenige Person braucht, um vom aktuellen Wert auf eine sieben zu gelangen.** Manchmal gibt es etwas, das wir oder die Gruppe tun können und durch Nachfragen werden wir es erfahren. Adressieren wir die niedrigen Zahlen nicht, führt dies schnell zu einer Unglaubwürdigkeit von uns als Moderatoren der Gruppe, die sich dann in den Augen der Teilnehmer zu wenig kümmern, und die Lernenden fühlen sich in ihrer Gemütslage und ihren Themen nicht gesehen.

Um aus diesem kleinen Einstieg auch gleich ein Werkzeug zu machen, heben wir das Format nochmals kurz auf die Metaebene und erklären es der Gruppe:

> »Dieses Format eignet sich super, um bei allen möglichen Terminen mit Achtsamkeit beginnen zu können. Bei allen Bewertungen von fünf oder darunter werde ich als Moderator hellhörig und überlege mir, welche Intervention jeweils passend ist: ein Einzelgespräch in der Kaffeeküche, die Einbindung der Gruppe zur Unterstützung oder das Angebot, das Seminar, den Kurs oder anderweitigen Termin zu verlassen. Testet das gerne mal in eurem Umfeld aus.«

Mit diesem kleinen erlebten Lernimpuls haben die Teilnehmer ein weiteres wertvolles Tool für die Arbeit mit Menschen an die Hand bekommen und wir können uns an die Planung des zweiten Tages machen.

3.4.2 Backlog Refinement und Sprint-Planung als Ritual

Für unsere Planung brauchen wir noch den Blick in die Gedankenwelt unserer Teilnehmer: Was ist ihnen heute wichtig? Was ist noch offen? Was müssen wir definitiv heute bearbeiten, damit sie glücklich und erfüllt nach Hause gehen werden? Um die Antworten auf diese Fragen zu finden, nutzen wir wieder ein Backlog Refinement. **Das zweite Backlog Refinement im Erleben der Teilnehmenden unseres Seminars macht aus dem gestrigen bereits erfahrenen Ereignis ein Ritual.** Es demonstriert die Gewohnheit eines agilen Teams, sich regelmäßig mit dem Product Backlog zu beschäftigen. Es ist in diesem Sinne »nichts Besonderes«, sondern völlig klar, dass die Pflege eines Backlogs eben eine reguläre Aktivität eines Scrum-Teams ist. Aus diesem Grund führen wir die Teilnehmer ohne große Umschweife genau in dieses Thema hinein.

»Wir wollen jetzt gleich unseren Lern-Sprint planen. Dazu brauche ich wieder euren Input. Überlegt mal, welche Punkte in eurem Backlog sich gestern über Tag bereits erledigt haben und gestrichen werden können, dann welche neuen Fragen über Nacht vielleicht noch aufgetaucht sind und wie es um die Reihenfolge im Backlog steht. Wir brauchen gleich wieder von jedem Team die wichtigsten drei Backlog-Einträge. Ist die Aufgabenstellung klar? ... Okay, ihr habt sieben Minuten Zeit, auf geht's.«

Abgesehen vom inhaltlich wichtigen Ergebnis für unsere folgende Sprint-Planung ist es auch für die Gruppendynamik gesund, sich direkt am Trainingsmorgen mit den anderen Teilnehmern seiner Gruppe oder seines Teams durch eine konkrete Aktivität zu verbinden. Diese soziale Begegnung hilft dabei, wieder mit den anderen warm zu werden und in diesem ggf. auch kleineren Rahmen aufgeschlossen und aktiv teilzunehmen.

Den aktuellen Lern-Sprint planen

Für unsere Sprint-Planung gehen wir nochmals kurz die Rahmenbedingungen auf unserem Agenda-Flipchart durch. Gibt es Anpassungen, die wir aus der Retrospektive am Vortag ableiten möchten? Eine neue Regel, die unsere Produktivität beeinflussen könnte? Ein inhaltliches Thema, das wir unbedingt noch aufnehmen müssten?

Danach fügen wir aus den Teilnehmer-Backlogs, unseren eigenen Vorstellungen und unserem Sprint-Ziel wieder einen kohärenten Tagesplan zusammen. Die Diskussionen werden dabei am zweiten Tag meistens noch etwas schärfer geführt, da alle das Gefühl haben, dass wir das offene Pensum nie im Leben schaffen können. Meist hängen nämlich noch viel mehr offene Punkte in allen Backlogs, die kaum in diesen zwei Tagen behandelt werden können.

Dieses Gefühl anzusprechen ist an diesem zweiten Tag wichtig, da es symbolisiert, wie es unseren Stakeholdern in der Arbeit mit den Scrum-Entwicklern geht. Scrum richtig eingesetzt bedeutet für die Menschen um die Teams herum oft, dass viele Dinge nicht geliefert werden. Eine gute Product Ownerin ist schließlich die Meisterin des »Neins«. Nur so kann sie die Überbeanspruchung ihres Teams verhindern. Mögen das ihre Stakeholder? Nicht wirklich. Können sie es nachvollziehen? Wenn sie eingebunden sind[34]: ja.

34. Hier geht es also mehr um das Geschick eines guten Product Owners, als eine Art *Value Facilitator* mit einer Gruppe von Stakeholdern zu agieren und den Kampf um die limitierten Entwicklungsressourcen gemeinsam in einem Raum auszufechten, der den Konflikt der Knappheit auf die Anforderer selbst zurückwirft und deren Einigung regelmäßig erzwingt.

Wir lassen nach dieser schwierigen Diskussion mit den Teilnehmern natürlich eine gute Nachricht folgen: Wir haben noch etwas in petto, das die Situation entschärfen und viele noch offene Punkte erledigen wird: Wir wechseln kurz vor Ende in einen etwas anderen »Modus« unseres Seminars – mit einem *Lean Coffee*[35]. Auch wenn wir die genaue Erklärung des Lean Coffee noch ein wenig hintenanstellen, so beruhigen wir die Teilnehmer gerne ein wenig:

> »Für den Nachmittag haben wir ein Format mitgebracht, das sehr gut zu den Ideen von Agilität passt, da es die Entscheidungen über den Wert und die Wichtigkeit von Product-Backlog-Einträgen stark in eure Hände legen wird. Wie genau das funktioniert, erklären wir dann noch. Für den Moment würden wir euch bitten, uns zu vertrauen, dass wir hier die wichtigsten noch offenen Themen gemeinsam abgearbeitet bekommen – und ihr zeitgleich noch ein großartiges Moderationswerkzeug kennenlernt, das ihr in der Praxis super einsetzen könnt, wenn Personen sich ohne initiale Agenda treffen.«

Nachdem dies gesagt ist, kommen wir meist zügig zu einem sinnvollen Lern-Sprint-Inhalt und einer gemeinsamen Vorhersage, dass wir das so schaffen können, wie wir es geplant haben. Der Sprint kann beginnen.

3.4.3 Die Scrum-Verantwortlichkeiten interaktiv begreifen

Die Scrum-Verantwortlichkeiten sind ein zentrales Lernthema für alle, die sich mit Scrum intensiver auseinandersetzen. Diese Inhalte zu begreifen macht für viele Trainingsteilnehmer einen der großen Erkenntnispunkte aus. Dementsprechend viel Zeit nehmen wir uns innerhalb der zwei Tage dafür. Die fast 90 Minuten netto dafür bilden den größten zusammenhängenden Block im Seminar.

35. Bei großen Gruppen und mehreren Trainern bietet sich alternativ auch ein zweistündiger Open Space an. Bei dreitägigen Seminaren ist dies tatsächlich unser präferierter Modus, da das Format einer *Unkonferenz* viel vom »Geist der Augenhöhe« vermittelt, den wir so dringend in der Arbeitswelt brauchen.

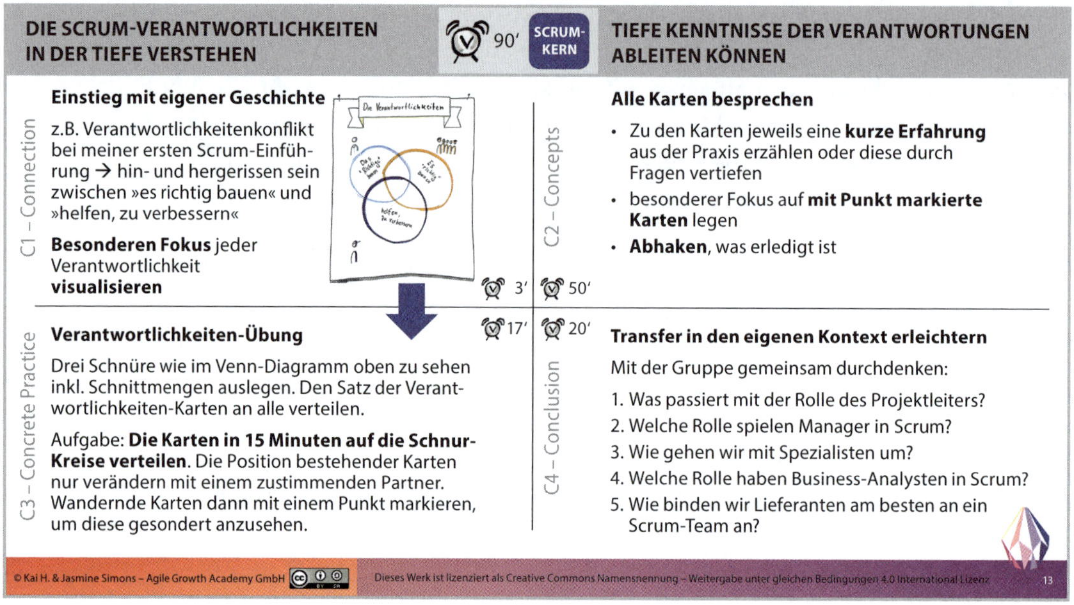

DIE SCRUM-VERANTWORTLICHKEITEN IN DER TIEFE VERSTEHEN — 90′ — SCRUM-KERN — **TIEFE KENNTNISSE DER VERANTWORTUNGEN ABLEITEN KÖNNEN**

C1 – Connection

Einstieg mit eigener Geschichte

z.B. Verantwortlichkeitenkonflikt bei meiner ersten Scrum-Einführung → hin- und hergerissen sein zwischen »es richtig bauen« und »helfen, zu verbessern«

Besonderen Fokus jeder Verantwortlichkeit **visualisieren**

3′

C2 – Concepts

Alle Karten besprechen

- Zu den Karten jeweils eine **kurze Erfahrung** aus der Praxis erzählen oder diese durch Fragen vertiefen
- besonderer Fokus auf **mit Punkt markierte Karten** legen
- **Abhaken**, was erledigt ist

50′

C3 – Concrete Practice

17′

Verantwortlichkeiten-Übung

Drei Schnüre wie im Venn-Diagramm oben zu sehen inkl. Schnittmengen auslegen. Den Satz der Verantwortlichkeiten-Karten an alle verteilen.

Aufgabe: **Die Karten in 15 Minuten auf die Schnur-Kreise verteilen.** Die Position bestehender Karten nur verändern mit einem zustimmenden Partner. Wandernde Karten dann mit einem Punkt markieren, um diese gesondert anzusehen.

C4 – Conclusion

20′

Transfer in den eigenen Kontext erleichtern

Mit der Gruppe gemeinsam durchdenken:

1. Was passiert mit der Rolle des Projektleiters?
2. Welche Rolle spielen Manager in Scrum?
3. Wie gehen wir mit Spezialisten um?
4. Welche Rolle haben Business-Analysten in Scrum?
5. Wie binden wir Lieferanten am besten an ein Scrum-Team an?

 13

Abb. 3–25 Trainerleitfaden Seite 13: Die Scrum-Verantwortlichkeiten in der Tiefe verstehen

Einstieg mit eigener Geschichte (C1)

Eine persönliche Story zeigt nicht nur, dass wir selbst wissen, wovon wir sprechen, sondern sie macht auch einfach beim Zuhören Spaß. Jeder von uns erlebt seine eigenen Geschichten und damit seine Facette der Welt. Vielleicht lieben wir deshalb Erzählungen seit Tausenden von Jahren. Und auch Wissen sowie Erkenntnisse lassen sich so übertragen.

Welche Geschichte hast du mit den Scrum-Verantwortlichkeiten erlebt, die hier als Einleitung dienen könnte?

> In meinem ersten Scrum-Team war ich innerlich zerrissen, da ich dort zum einen programmiert habe, aber zum anderen auch der Scrum Master im Team war. Eigentlich hätte ich Retrospektiven vorbereiten sollen, aber dreimal dürft ihr raten, für was ich mich entschieden habe, wenn ein Sprint-Ende nahte? Klar, ich habe Software geschrieben.

Um diesem Konflikt ein spürbareres Gesicht zu geben, stellen wir die drei Scrum-Verantwortlichkeiten als ein Kraftfeld aus drei Feldern da, die in unterschiedliche Richtungen ziehen, aber sich auch gegenseitig brauchen und daher überlappend sind.

Wir fragen die Gruppe: »Was ist die Essenz des Product Owners?« Meist erhalten wir Antworten wie:

- Den Fokus herstellen
- Das Produkt erfolgreich machen
- Wirtschaftlich handeln

Wir formulieren es gerne frei nach dem schwedischen Scrum-Trainer Henrik Kniberg[36] etwas flapsig: »Das ›Richtige‹ bauen.«

Wir wenden uns den Entwicklerinnen zu. »Was ist die Essenz der Entwickler? Was wollen sie?« Die Gruppe antwortet etwa wie folgt:

- Coden (ein englischer Begriff für das Programmieren)
- Qualität schaffen
- Am Produkt arbeiten

Wir bringen es in Anlehnung an den Product Owner auf den Punkt: »Es ›richtig‹ bauen«, um die Qualitätsverantwortung und die Vorliebe eines Entwicklers für moderne Technologien und Wartbarkeit des Produkts einzubeziehen.

»Nun fehlt uns noch der Scrum Master, das unbekannte Wesen. Was macht der denn so?«

Die Gruppe brainstormt:

- Konflikte lösen
- Retrospektiven
- Den Prozess überwachen

Wir heben auf den Kaizen-Aspekt ab, den ein guter Scrum Master verkörpert: »Helfen, zu verbessern.«

36. Henrik Knibergs Video, das uns zu dieser Betrachtung inspirierte, findest du unter *agilegrowth.de/in-a-nutshell.*

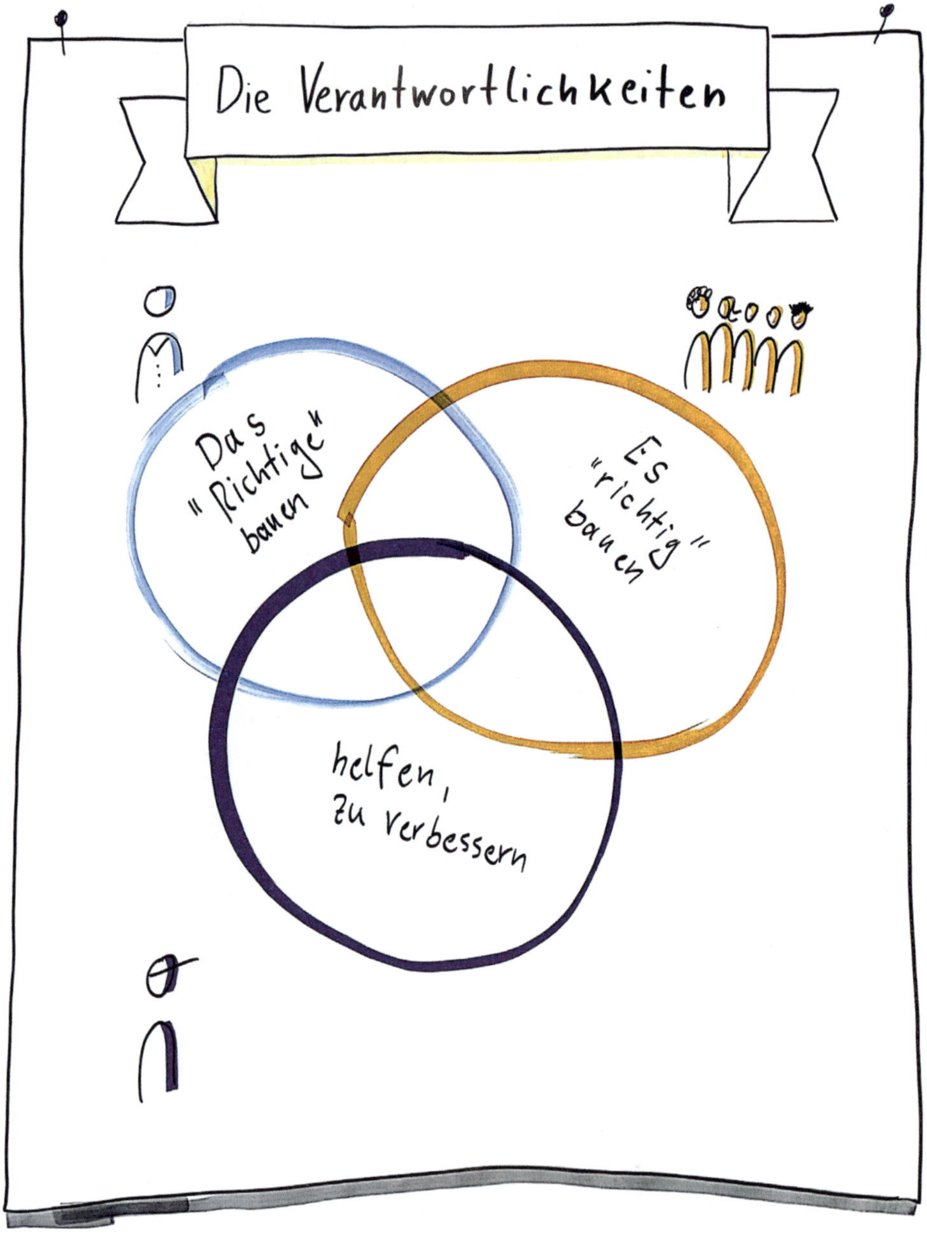

Abb. 3–26 Das Ergebnis unserer Diskussion über die Essenz der Scrum-Verantwortlichkeiten

Nachdem wir die Essenzen der Verantwortlichkeiten herausgearbeitet haben, ist es wichtig, jede weitere Diskussion dazu in diesem Moment abzubrechen und die Aufmerksamkeit der Gruppe auf unsere nun beginnende Übung zu lenken. Es ist deutlich besser für die Gruppendynamik und das individuelle Lernen, wenn die Teilnehmenden jetzt selbst in die Entdeckung und den Austausch gehen, statt unsere Meinung zu den Verantwortlichkeiten Stück für Stück abzuholen.

Verantwortlichkeiten-Übung (C3)

Wir bitten die Gruppe, uns kurz drei unserer schon beim Seestern bewährten sechs Meter langen Leinen in die Form eines Venn-Diagramms zu legen, also in der Anordnung der überlappenden Kreise wie in Abbildung 3–26 zu sehen. In jeden Kreis legen wir eine Beschreibungskarte mit dem Namen der Verantwortlichkeit, also Product Owner, Scrum Master oder Entwicklerin. Die Schnittmenge in der Mitte wird als Überlappung aller Verantwortlichkeiten entsprechend mit dem Titel »Das Scrum-Team« versehen, um Aussagen zu beherbergen, die für alle Verantwortlichkeiten gelten.

Nun greifen wir zu einem Stapel Verantwortlichkeitskarten[37], die wir den Teilnehmern aushändigen.

> »Ihr habt die Aufgabe, alle Karten in 15 Minuten an den richtigen Ort zu bringen. Am besten verteilt ihr die Karten am Anfang erst mal kurz nach eigenem Gutdünken. Sollte jemand von euch danach feststellen, dass seiner Meinung nach eine Karte falsch liegt, so braucht er einen ›Follower‹, der ihm zustimmt, um die Karte umzulegen. Ich lege demonstrativ die Karte mit der Aufschrift ›... besteht aus weniger als 10 Personen‹ in den Verantwortlichkeitenkreis des Scrum Masters, um bewusst eine falsche Karte ins Spiel zu bringen.
>
> Ich sehe zum Beispiel, dass Karin gerade herumsteht und frage sie ›Hey, Karin, du bist doch auch der Meinung, dass ein Scrum Master aus weniger als 10 Personen besteht, oder?‹ und sie sagt grinsend ›ja, klar!‹ und dann legen wir die Karte gemeinsam um und markieren sie mit einem schwarzen Punkt auf der Karte, um deutlich zu machen, welches die ›Wanderkandidaten‹ sind.«

Nachdem die Gruppe angeregt diskutiert, findet sie in 15 Minuten meist eine stabile Ordnung samt etlicher mit Punkten markierter Karten.

37. Mehr zu den Verantwortlichkeitskarten unter *agilegrowth.de/rollenkarten*.

Alle Karten besprechen (C2)

Jetzt bringen wir noch etwas mehr Fleisch an den Knochen respektive Seitan an das Reisgericht der Veganer.

Die nächsten 45 Minuten leben von unserer kollektiven Praxiserfahrung. Während wir alle Karten kurz durchgehen, legen wir besonders viel Wert auf alle Karten mit einer Punktmarkierung. Hier fügen wir Geschichten an, diskutieren mit den Teilnehmern ihre Haltung und schaffen im Diskurs Klarheit über die richtige Lösung[38].

Um den Überblick nicht zu verlieren, was bereits besprochen wurde, haken wir jede erledigte Karte ab oder sortieren sie an einen bestimmten Ort unterhalb der Beschreibungskarte im Kreis.

3.4.4 Die Perspektive von Managern und Projektleitern

Vieles haben wir nun schon zu Verantwortlichkeiten gesagt, aber der Teufel liegt hier im Detail. Denn außerhalb unserer Scrum-Verantwortlichkeiten gibt es noch eine Welt der Organisation drumherum. Und auch die persönliche Transformation der am Seminar teilnehmenden Projektleiter und Managerinnen beschäftigt innerlich so manche. Was wird aus meiner Rolle oder meinem Job, falls meine Organisation das wirklich ernst meinen sollte, agil zu arbeiten? Braucht man mich da noch? Gibt es einen Entwicklungspfad, den ich jetzt in meiner Organisation »pushen« sollte, um mich günstig für die Zukunft zu positionieren? Wird es gar besser werden und ich kann etwas Neues in der Abteilung einführen?

All dies spielt sich in den Köpfen unserer Teilnehmer im Verborgenen ab. Wir sagen im Verborgenen, denn diese Ängste alle auszusprechen braucht viel Mut – und den verlangen wir an dieser Stelle nicht von den Personen. Antworten zu geben reicht aus, um Sicherheit und Klarheit zu generieren. Welche Erkenntnisse jeder Einzelne daraus ableitet, dürfen wir getrost ihm selbst überlassen.

38. Mit dem Term »richtig« meinen wir hier die Lösung entsprechend dem Scrum Guide, der die offizielle Vereinbarung der Scrum-Praktikerinnen über den minimalen Satz an Regeln zur Anwendung von Scrum weltweit ist.

Transfer in den eigenen Kontext erleichtern (C4)

Wir widmen uns also gute 20 Minuten noch den Detailfragen:

1. Was passiert mit der Rolle des Projektleiters?
2. Welche Rolle spielen Managerinnen im Scrum-Rahmenwerk?
3. Wie gehen wir mit Spezialisten um?
4. Welche Rolle haben Business-Analysten in Scrum?
5. Wie binden wir Lieferanten am besten an ein Scrum-Team an?

Wir nutzen dazu meist eine offene Diskussion samt Flipchart-Visualisierung, um Klarheit zu schaffen.

3.4.5 Doppelte Verantwortung: Zebras unter der Lupe

Zebras sind weder weiß noch schwarz – sie sind beides.[39] Eine beliebte Frage ist, inwieweit man die Scrum-Verantwortlichkeiten auch mischen kann, sodass eine Person zwei Verantwortlichkeiten übernimmt. In diesem Modul klären wir weitere Verantwortlichkeitsimplikationen.

An offene Fragen anknüpfen (C1)

Bis hierhin ist den meisten Teilnehmern klar, was eine Scrum Masterin zu tun hat – aber nicht, in welchem Ausmaß sie das in Beschlag nimmt. Wir kommen über offene Fragen zu einer kurzen Übung zu den Vor- und Nachteilen von doppelten Verantwortlichkeiten:

- Was macht einen guten Scrum Master aus?
- Wie fokussiert ein Scrum Master seine Arbeit?
- Ist die Scrum-Master-Verantwortlichkeit eine Vollzeit- oder Teilzeitverantwortung?

39. Die Metapher der »Zebras« haben wir von unserem Gastautor und Scrum-Trainer-Kollegen Björn Jensen übernommen. Sie bringt nett auf den Punkt, worum es geht.

Vor- und Nachteile der Doppel-Verantwortlichkeiten (C3)

Wir bilden drei Kleingruppen. Jede Kleingruppe bearbeitet dabei eine mögliche Kombination von Verantwortlichkeiten in einer Person und listet die Vor- und Nachteile auf einem Flipchart auf. Als Kombinationen nutzen wir die nachstehenden Optionen:

- Scrum Master + Entwicklerin
- Scrum Master + Product Owner
- Product Owner + Entwicklerin

Nach circa zehn Minuten Bearbeitungszeit stellt jede Kleingruppe kurz ihr Ergebnis vor. Die Erkenntnisse sprechen meist für sich und »beweisen«, dass eine Kombination von Verantwortlichkeiten mindestens unangenehm stressvoll, meist eher sinnlos ist.

Fokus als Scrum Master (C2)

Um noch klarer zu machen, wie jetzt der Fokus unserer Scrum Masterin über einen Sprint hinweg aussieht, bringen wir den zeitlichen Verlauf in Relation zur Aufmerksamkeit der Scrum Masterin. Dazu eignet sich unserer Erfahrung nach gut ein Schaubild wie in Abbildung 3–27, das wir, während die Teilnehmer arbeiten, vorzeichnen und dann vor ihren Augen ausfüllen.

Während unser Fokus zu Beginn und Ende des Sprints auf dem gesamten Team liegt, arbeiten wir während des Sprints eher auf einer Einzelgesprächsebene und haben dazwischen Zeit, uns um die Organisationsveränderung zu kümmern, um zu echter Agilität zu kommen.

Der unausgesprochene Verdacht, dass die Scrum Masterin also den ganzen Tag nur Kaffee trinkt, hat sich damit dann endgültig zerschlagen.

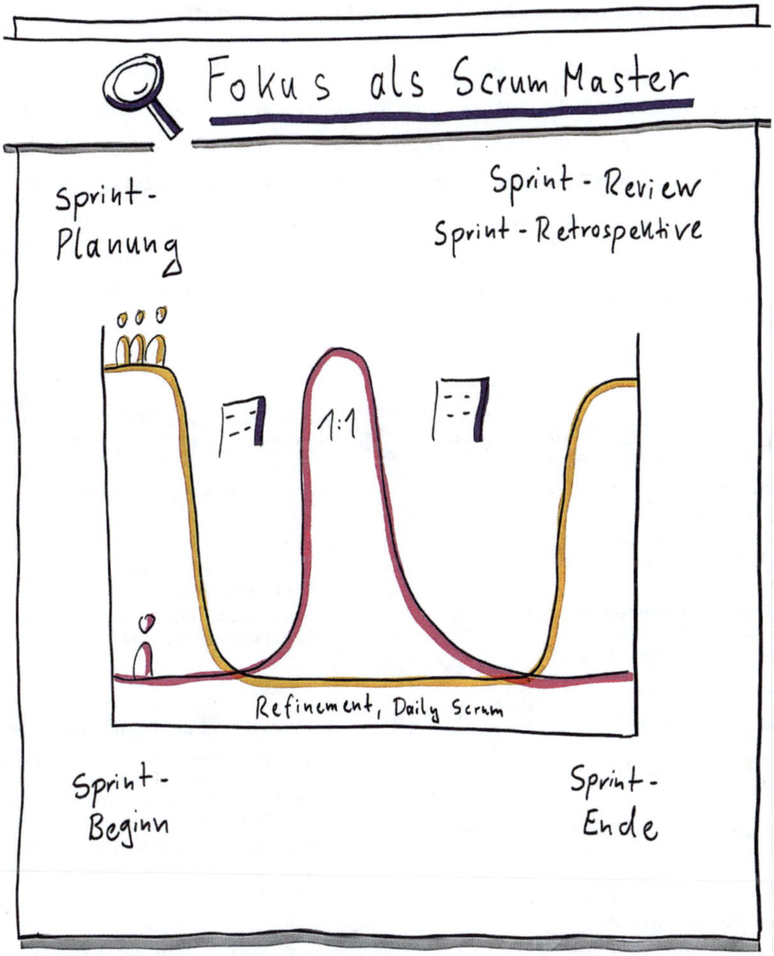

Abb. 3–27 Der Fokus als Scrum Masterin bewegt sich während des Sprints zwischen Team, Einzelgesprächen und Organisationsveränderung hin und her.

Erfahrungen der Teilnehmer beleuchten (C4)

Zum Abschluss reflektieren die Teilnehmer mit ihrem Lernteam, wie sie diese Verantwortlichkeiten besetzt haben. Bei kleineren Gruppen ist dies natürlich auch im Plenum möglich:

- Wie lebt euer Unternehmen die Scrum-Master-Verantwortlichkeit?
- Ist es eine Teilzeit- oder Vollzeitposition?
- Welche Konsequenzen hat diese Wahl aus eurer Perspektive?
- Welche anderen doppelten Verantwortlichkeiten habt ihr gewählt? Wozu führte das bisher?

3.4.6 Die Kraft der Gruppe für die Scrum-Ereignisse nutzen

Die Scrum-Ereignisse bilden die ritualisierten Zeitscheiben, in denen wir die Produktentwicklung zum Leben erwecken. Sie zu durchdringen ist essenziell wichtig, um Scrum einsetzen zu können. Nachdem wir bereits alle Verantwortlichkeiten auf einer Rollenebene klären konnten, geht es jetzt eher um das praktische Ausleben derselben. Wer macht eigentlich was in welchem Scrum-Ereignis, wozu ist das gut und was kann schiefgehen? Wie gewohnt arbeiten wir mit einem Ansatz, den wir gerne als »praktische Theorie« bezeichnen – unsere Teilnehmer erschließen viel des Wissens selbst.

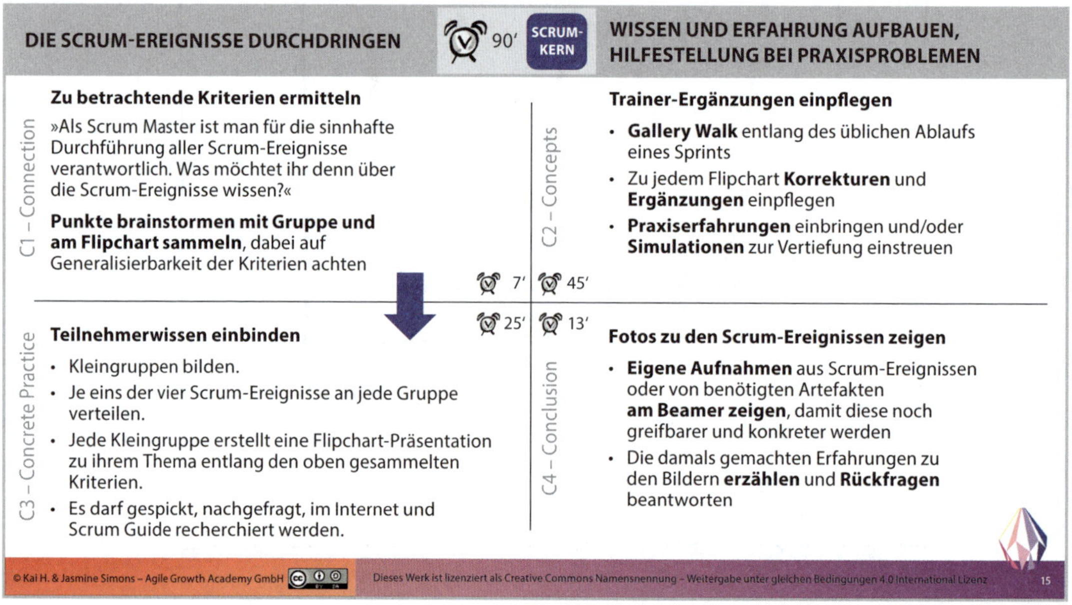

Abb. 3–28 Trainerleitfaden Seite 15: Die Scrum-Ereignisse durchdringen

Zu betrachtende Kriterien ermitteln (C1)

Für die Entdeckung der Scrum-Ereignisse bilden wir gemeinsam erst mal den Kontext und die Aufgabenstellung. Den meisten ist durchaus klar, dass wir diese durchdringen sollten, doch die Frage ist konkreter und bezieht sich darauf, was wir uns genau in den nächsten 80 Minuten ansehen möchten. Dazu brainstormen wir an einem Flipchart, welche Kriterien die Teilnehmer konkret interessieren. Es entsteht eine Liste, die ähnlich zur nachstehenden aussieht:

- Teilnehmer
- Ziel des Ereignisses

- Häufigkeit
- Dauer
- Werkzeuge
- Vor- und Nachbereitung
- Moderation
- Agenda

Während die Teilnehmer sich die Ideen zuwerfen, ist es wichtig, diese immer wieder zu verallgemeinern, um Kriterien zu finden, die für alle Ereignisse gelten, denn Einzelfragen zu bestimmten Scrum-Ereignissen können und sollen später unsere Kleingruppen beantworten.

Teilnehmerwissen einbinden (C3)

> »Gut, wir bilden jetzt vier Kleingruppen. Jede Kleingruppe nimmt sich eines der Scrum-Ereignisse vor. Bitte erstellt ein Flipchart für eine fünfminütige Präsentation, die die oben gesammelten Kriterien beschreibt und beantwortet. Das darf auch gerne gut aussehen. Ihr findet Schattenmarker und Farben auf euren Tischen, wenn sich da jemand dran versuchen möchte – das Auge lernt ja schließlich mit. Ihr habt 25 Minuten Zeit. Ihr könnt gerne googeln, spicken, im Scrum Guide nachlesen oder auch bei uns nachfragen. Zur Auswahl stehen:
>
> - Sprint-Planung
> - Daily Scrum
> - Sprint-Review
> - Sprint-Retrospektive
>
> First come, first serve. Auf geht's.«

An dieser Stelle kannst du wie immer auch weitere Variationen ausprobieren. Für uns hat zum Beispiel auch eine Co-Kreation der Poster gut funktioniert: Das Team, das zuerst an dem Poster arbeitet, verbringt zehn Minuten am Poster. Danach wird im Uhrzeigersinn alle fünf Minuten das Poster gewechselt, sodass jedes Team an jedem anderen Poster einmal mitgearbeitet hat.

Trainerergänzungen einpflegen (C2)

In der gleichen Reihenfolge wie ein Scrum-Team die Ereignisse durchläuft, folgen wir jetzt als Zuhörergruppe den Ereignispräsentationen. Gerne machen wir das auch tatsächlich im Laufen von Station zu Station, auch *Gallery Walk* genannt. Von der Sprint-Planung über das Daily Scrum bis zum Sprint-Review und zur Sprint-

Retrospektive verstehen wir mehr und mehr, was ein Scrum-Team nun erlebt, tut und womit es hadert.[40]

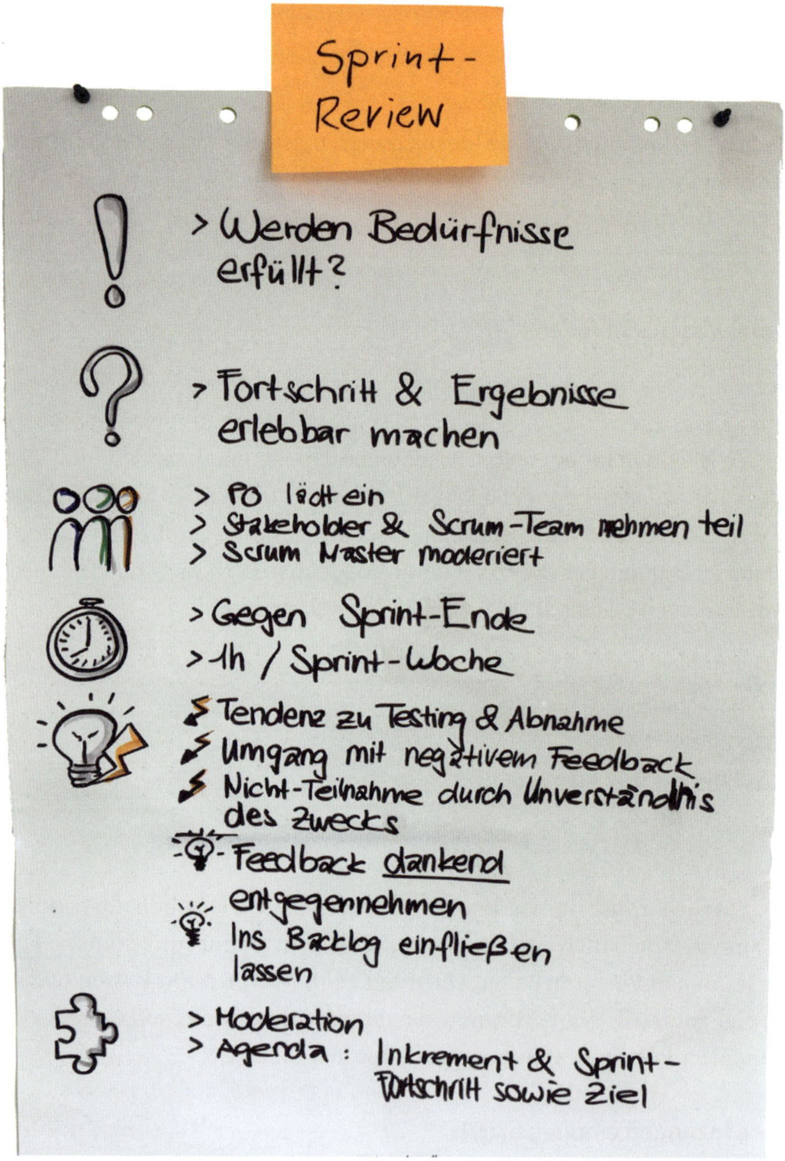

Abb. 3–29 Das visuell durchaus ansprechende, beinahe korrekte Ergebnis einer Kleingruppe zum Thema »Sprint-Review«

40. Übliche Probleme mit Lösungsideen gehören fast immer zu den Kriterien, die die Teilnehmer sich im ersten Schritt überlegt haben.

Nach jeder Präsentation öffnen wir einen Raum für Fragen und Korrekturen, bis das Ereignis hinreichend verstanden worden ist. Weitere kleinere Praxissimulationen können nach Bedarf und Kenntnis an dieser Stelle eingebracht werden, um das theoretische Wissen mit konkreten Erfahrungen anzureichern.

Wenn wir Dinge an den Postern bemängeln und gerne verbessern wollen, geben wir darauf acht, wenn möglich nicht direkt auf die Poster zu schreiben. Dies kann für gewisse Teilnehmer eine unangenehme Erinnerung an die Schulzeit bedeuten. Dadurch würden die Korrekturen diese Teilnehmer in einen unschönen emotionalen Zustand versetzen. In der Konsequenz reden wir dann sozusagen mit den inneren Kindern unserer Teilnehmer im Raum über Scrum, ohne dass wir oder unsere Teilnehmer das in der Situation selbst so bewusst realisieren würden.

Wir haben uns angewöhnt, unsere Korrekturen entweder auf Haftnotizzettel zu schreiben und an die Poster zu hängen oder die jeweiligen Teams zu bitten, die Poster direkt selbst zu korrigieren. Wir wollen aktiv bei der Erwachsenenbildung bleiben und nicht unser aller Schulzeit wiederholen.

Fotos zu den Scrum-Ereignissen zeigen (C4)

In einem der wenigen Leinwandmomente des Seminars nutzen wir den Beamer, um konkrete Aufnahmen von Teamereignissen zu zeigen. Die begleitenden Geschichten inspirieren und verdeutlichen die gelebte Praxis dieser Scrum-Ereignisse. Ein Bild sagt mehr als tausend Worte – was sagen dann erst fünf oder sechs abgelichtete Momente agiler Teams?

Mit der Beantwortung üblicher Rückfragen zu unseren Fotos endet das Eintauchen in die Scrum-Ereignisse meist mit einer zufriedenen Teilnehmergruppe, die sich eine lange Kaffeepause zum Quatschen und Erholen wünscht.

3.4.7 Simulationen und ihre Bedeutung für das Lernen

Du weißt ja bereits, dass wir gerne das Wissen und die Fähigkeiten unserer Teilnehmer anzapfen. Das liegt unter anderem an den sechs Trümpfen, die wir aus dem »Training from the Back of the Room«-Ansatz [Bowman 2009] gelernt haben. Sie drücken ähnlich wie das Agile Manifest eine Art Wertehaltung als Trainer aus, welcher Fokus das Lernen für unsere Teilnehmer erleichtert:

1. Bewegung übertrumpft das Sitzen.
2. Reden übertrumpft Zuhören.
3. Bilder übertrumpfen Worte.
4. Schreiben übertrumpft Lesen.
5. Kürzer übertrumpft länger.
6. Unterschiedlichkeit übertrumpft Gleichartigkeit.

Auch wenn wir nicht rigoros alle Inhalte an diesen Prinzipien ausgerichtet haben, so dienen sie uns doch oft als Leitlinien für die Modulkonzeption.

Gerade gute Simulationen decken viele dieser Prinzipien ab, weswegen die Trainergemeinschaft diese Übungen kultiviert und auch über Jahre immer wieder weitergegeben hat. Eine gute Übung beantwortet erlebbar vieles, was sich mühsam im Gespräch herleiten ließe. In diesem Sinne haben wir bis hierhin viele Erfahrungen gemacht, die nun noch in einem etwas anderen Format ihren Gipfel finden, der natürlich auch direkt erlebt wird: im Lean Coffee.

3.4.8 Ausgleiten mit Lean Coffee

Einige Enden sind noch offen. Über die letzten Tage haben sich viele Konzepte und Ideen in die Köpfe und Herzen unserer Teilnehmer eingeschlichen. Bevor sich diese Erkenntnisse aber so richtig festkrallen können wie die Huberbuam beim Freesolo-Klettern, brauchen sie noch ein wenig Abrundung. Zur Integration nutzen wir ein sogenanntes »Lean Coffee«.

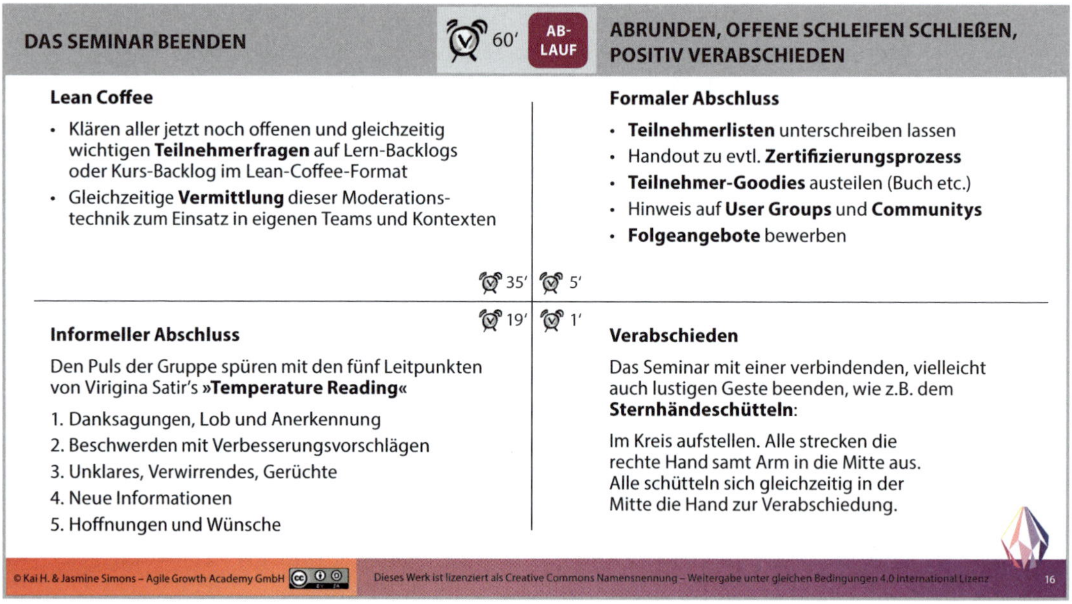
DAS SEMINAR BEENDEN 60′ AB-LAUF **ABRUNDEN, OFFENE SCHLEIFEN SCHLIEẞEN, POSITIV VERABSCHIEDEN**

Lean Coffee (35′)

- Klären aller jetzt noch offenen und gleichzeitig wichtigen **Teilnehmerfragen** auf Lern-Backlogs oder Kurs-Backlog im Lean-Coffee-Format
- Gleichzeitige **Vermittlung** dieser Moderationstechnik zum Einsatz in eigenen Teams und Kontexten

Formaler Abschluss (5′)

- **Teilnehmerlisten** unterschreiben lassen
- Handout zu evtl. **Zertifizierungsprozess**
- **Teilnehmer-Goodies** austeilen (Buch etc.)
- Hinweis auf **User Groups** und **Communitys**
- **Folgeangebote** bewerben

Informeller Abschluss (19′)

Den Puls der Gruppe spüren mit den fünf Leitpunkten von Virigina Satir's **»Temperature Reading«**

1. Danksagungen, Lob und Anerkennung
2. Beschwerden mit Verbesserungsvorschlägen
3. Unklares, Verwirrendes, Gerüchte
4. Neue Informationen
5. Hoffnungen und Wünsche

Verabschieden (1′)

Das Seminar mit einer verbindenden, vielleicht auch lustigen Geste beenden, wie z.B. dem **Sternhändeschütteln**:

Im Kreis aufstellen. Alle strecken die rechte Hand samt Arm in die Mitte aus. Alle schütteln sich gleichzeitig in der Mitte die Hand zur Verabschiedung.

16

Abb. 3–30 Trainerleitfaden S. 16: Das Seminar beenden

Wir erläutern kurz die geschichtliche Entstehung des Lean Coffee im Jahr 2009 als eine von Jim Benson geprägte Art, seine agile User Group in Seattle partizipatorischer zu moderieren – oder wie Jim etwas überspitzt sagt: »Agenden sind ja dermaßen 20. Jahrhundert«[41].

Dieses Statement beschreibt auch ein wenig die Veränderung unseres Bestrebens um die richtige Reihenfolge und einen guten Tagesplan in der morgendlichen Sprint-Planung hin zu einer »Ad-hoc«-Ordnung der wichtigsten, noch zu klärenden Themenpunkte.

Zum Lean-Coffee-Format bieten wir eine kurze Erklärung zum Einstieg. Manchmal spannen wir dazu auch einen Teilnehmer ein, der das Format bereits kennt, damit dieser hierfür in die Situation des Lehrenden wechseln kann, auch um sein eigenes Wissen zu festigen.

Um unsere »zu diskutieren«-Spalte zu füllen, bitten wir oder unser Gastmoderator alle anderen, die noch offenen Punkte von Lern- oder Kurs-Backlogs als Inspiration zu nutzen oder weitere offene Themen aufzuschreiben (siehe Abb. 3–31).

Hiernach arbeiten wir uns, solange es unsere restliche Timebox noch erlaubt, durch die für die Gruppe wichtigsten Themen im üblichen Lean-Coffee-Stil. In der Regel erwischen wir so fast alle brennenden Fragen in ausreichender Tiefe, um für die Teilnehmer einen Haken dranzumachen. Alles was dann noch offenbleibt, obliegt den Teilnehmern, nach Seminarende mit uns zu besprechen oder gegebenenfalls in einem nachgelagerten Telefonat anzugehen.

Wir mögen an diesem Format, dass die zentrale Inhaltssteuerung von uns als Product Owner im Lean Coffee an die Teilnehmer übergeht und diese somit stärker im Geist der Selbstverantwortung handeln. Ein aus unserer Sicht wichtiges Signal an die Teilnehmenden, das die partizipative Arbeit weiter stärkt.[42]

An dieser Stelle ist es oft verlockend, als Trainer auf alle Fragen die Antwort zu geben. Wir haben nun aber in den letzten zwei Tagen eine genügend starke Teamdynamik aufgebaut, sodass wir hier die Expertise der einzelnen Teilnehmer glänzen lassen können. Sich selbst hier zurückzuhalten ist nicht immer einfach, aber aus zwei Gründen förderlich: Das Lernen der Teilnehmerinnen wird durch den erfahrungsorientierten Austausch untereinander gefördert, zudem beschließen wir das Training dadurch mit einer Erfahrung der eigenen Kompetenz. Na-

41. Mehr dazu erfährst du auf Jim Bensons Webseite unter *LeanCoffee.org*.
42. Wie bereits erwähnt, kannst du anstelle eines Lean Coffee auch die *Open-Space-Technologie* von Harrison Owen einsetzen. Wir bevorzugen diese, wenn es sich um viele Teilnehmer handelt und wir einen Co-Trainer oder befreundeten Agile Coach mit im Seminar haben. Mehr dazu findest du in Harrison Owens Buch [Owen 2011].

türlich kannst du, wenn die Themen zu flach bearbeitet werden, etwas Tiefe als Trainer hinzufügen, wir führen hier aber eher durch Fragen als minutenlange Antworten.

Abb. 3–31 Ein Lean-Coffee-Flipchart eignet sich bestens als eine Art Taskboard, um die Themen zu priorisieren und deren Abarbeitung nachzuverfolgen.

Formaler Abschluss

Nach unserem »schlanken Kaffee« gibt es noch ein paar organisatorische Dinge zu regeln. Teilnehmerlisten wollen unterschrieben, eventuelle Handouts zu den Zertifizierungen und Goodies ausgeteilt und auf Folgeangebote hingewiesen werden. Wir halten den Werbeblock meist recht kurz und gehen schnellstmöglich in den informellen Abschluss über.

3.4.9 Den Puls fühlen im Abschlusskreis

Vieles ist bis jetzt erlebt worden, ein Gruppengefühl ist aufgekommen und wir haben die Personen im Seminarraum über die zwei Tage ein wenig kennengelernt. Einen würdigen Abschluss bietet für uns Virgina Satirs »Temperature Reading« [Brothers 1991], ein Kursabschluss, der ein wenig an eine Lagerfeuer-Gitarren-und-Geschichten-Runde erinnert.

Laut eigener Aussage in einem Vortrag von Virgina Satir[43] erhielt sie als Reaktion auf die Nutzung dieses Formats in Schulen die Rückmeldung, dass Verhaltensprobleme sich minimierten sowie Kooperation, Mitgefühl und das Lernen sich verbesserten.

So macht es also auch für uns Sinn, dieses Format unseren Scrum-Lernenden noch als ein weiteres Werkzeug mitzugeben, das sie selbst in Gruppen und Teams einsetzen können.

Informeller Abschluss

Um nun also bei unserer Gruppe mit eben diesem Temperature Reading »den Puls zu fühlen« und diesen für alle spürbar zu machen, stellen wir aufeinanderfolgend fünf Themenpunkte in den Raum. Auf jeden Aspekt hin kann man etwas sagen – oder man passt. In einer knapp zwanzigminütigen Zeitscheibe öffnen wir so gemeinsam den Rahmen dafür, alles noch Sagenswerte vorzubringen. Unsere fünf Themen sind:

1. Danksagungen, Lob und Anerkennung
2. Beschwerden mit Verbesserungsvorschlägen
3. Unklares, Verwirrendes, Gerüchte
4. Neue Informationen
5. Hoffnungen und Wünsche

43. Das Video des Vortrags findest du unter *agilegrowth.de/satir*.

Nachdem wir uns auf diese sehr schöne menschliche Art und Weise nochmals zum Schluss hin begegnet sind, verabschieden wir uns mit einer unterhaltsamen Geste wie zum Beispiel einem Sternhändeschütteln aus [Ziegler 2012]:

Alle stellen sich im Kreis auf und strecken die rechte Hand samt Arm in die Mitte aus, dann schütteln wir uns gleichzeitig im Zentrum die Hand zur Verabschiedung. Meist folgt ein kleiner Applaus und die Gruppe geht zum Einpacken ihrer Sachen mit einem Lachen auseinander.

Dieser positive Abschluss ist eine schöne Würdigung unserer gemeinsamen Lernleistung über die Tage und beschwingt uns auch selbst als Trainer und gibt uns ein Gefühl der tiefen Zufriedenheit und Dankbarkeit, wieder einer Gruppe zu mehr künftiger Wirksamkeit und Zufriedenheit am Arbeitsplatz beflügelt zu haben.

3.5 Vom klaren Plan zum flexiblen Flow

Planung ist alles, Pläne sind nichts. Obwohl dieses Buch einen sehr erprobten Trainingsleitfaden in allen Details darstellt, wird in der Praxis manches anders laufen (müssen), als es hier dargestellt ist.

> Während eines Inhouse-Trainings bei einem größeren Mittelständler teilen mir die Teilnehmer am Nachmittag des ersten Tags mit, dass sie am kommenden Morgen um 10:30 Uhr eine Stunde lang zu einer Informationsveranstaltung des CEOs gehen müssen, weil es anscheinend wichtige Neuigkeiten gibt. Dies stellt mich vor Herausforderungen im Ablauf und Fluss des Trainings. Außerdem befürchte ich, dass es um einige Entlassungen gehen wird. In welcher Stimmung kehren die Teilnehmer wohl ins Seminar zurück?

Jetzt wären wir ja keine Fans von Agilität, wenn uns das grundsätzlich Probleme bereiten würde, auf Veränderungen zu reagieren. Es spricht also in der Tat wenig dagegen und vieles dafür, den hier detailliert beschriebenen Plan in deinem Sinne abzuändern. Wir wissen, dass anfangs eine Blaupause angenehm ist, doch irgendwie muss sie dann doch »zum Eigenen« werden, zu dem, was einem selbst liegt und in der gegebenen Situation passt.

Nun, Variationen haben Konsequenzen, manchmal auch Seiteneffekte. Auf den kommenden Seiten sprechen wir über die Adaption des beschriebenen Konzepts und einen Rahmen, in dem wir dies als sinnvoll erachten, sowie die Fähigkeiten, die dabei helfen.

3.5.1 Aus Erfahrung anders

Besonders deine persönliche Erfahrung mit Scrum darf dein Training natürlich enorm bereichern. Aus unserem Blickwinkel eignen sich dafür vor allen Dingen die Bereiche im Trainingskonzept, in denen du Erfahrungen und Geschichten einbringen kannst. Die meisten Storys hören unsere Teilnehmer zwischen den Zeilen des Seminars, häufig ausgelöst durch eine beiläufige Frage. Nichts überzeugt mehr als die selbst gemachten und erlebten Ereignisse der Vergangenheit.

Gelegentlich haben wir Lernende im Seminar, die deutlich weiter sind als alle anderen und bei denen Scrum schon sehr viel Gutes im Unternehmen oder der Abteilung bewirkt hat. Über die zwei Tage hinweg ist es bemerkenswert, mitanzusehen, wie diese Menschen das Feuer in den anderen wecken können. Einfache Einwürfe wie »das ist in der Praxis eigentlich recht simpel, wir machen das einfach immer so, dass ...« bewirken wahre Wunder. Zusammenfassend finden wir: **Erfahrungen sind die wichtigste Währung im Trainingsraum.**

Auch Bilder aus Coaching-Gigs und Beratungssituationen sind gern gesehene Wissensquellen, die Teilnehmer häufig sehr zu schätzen wissen. Gerade zu Beginn sind viele Konzepte noch so abstrakt, dass es neben allen Übungen einfach hilft, eine Definition of Done einmal an die Wand zu werfen oder auszuteilen.

Also nochmals zu dir: Wo hast du mit Agilität Erfahrungen gesammelt, die du teilen möchtest? Wo könntest du diese Geschichten einweben? Was waren die Highlights? Wo bedarf es noch ein wenig mehr Dramaturgie in der Art, wie du das Erlebte erzählst? Denn auch das macht einen Unterschied: **Vermitteln ist das Übertragen von Emotionen von einem Menschen auf den anderen.** Als Trainer vermitteln wir ständig Konzepte und Ideen.

Auch wenn wir das an anderer Stelle schon einmal angemerkt haben, möchten wir hier noch mal betonen: Wenn du zwar ein sehr guter Trainer bist, aber bisher noch keine praktische Erfahrung mit Scrum hattest, wollen wir dir nahelegen, erst eigene Erfahrung mit dem Rahmenwerk zu sammeln. Denn wie so oft im Leben macht das eigene Erleben einer Scrum-Master- oder Product-Owner-Verantwortlichkeit oft erst die Bedeutung und die Konsequenzen von Werten und Haltung in der Praxis klar.

Für die meisten Menschen und Organisationen bedeutet die Anwendung von Scrum ein komplettes Umdenken. Dieses Umdenken kann man nur begleiten, wenn man es selbst bereits erlebt und erfahren hat.

Sollte dir also diese Praxiserfahrung noch fehlen, wäre die drängende Frage, wo du in deinem Umfeld diese Erfahrungen am leichtesten sammeln kannst. Dies werden in der Regel berufliche Kontexte sein, doch auch zu Möglichkeiten im privaten Umfeld haben wir hier ja schon die ein oder andere Idee fallen gelassen.

Vielleicht sind wir hier ein wenig gebrannte Kinder in Bezug auf die Erfahrung mit Personen, die in unsere Seminare kamen und grenzwertige Einführungsschulungen hatten, die mehr »Ent-Lernen« notwendig machten als »Neu-Lernen«. Wir erleben darüber hinaus die zeitweilige Übernahme einer der Scrum-Verantwortlichkeiten nach wie vor als eine gute Art und Weise für uns selbst, auch unsere Seminare aktuell zu halten.

3.5.2 Variationen und ihre Konsequenzen

In meiner Jugend habe ich Karate gelernt. Im Dojo – so nennt man den geschützten Lern- und Übungsraum einer Kampfkunstschule – herrschte ein strenger Geist. Gerade bei Anfängern wurde viel wert darauf gelegt, die Abfolgen vom Lehrtrainer akkurat und mit Disziplin zu verfolgen. Hätte ich mein eigenes Ding durchgezogen, wären mir etliche Runden Liegestützen oder gar ein Ausschluss aus der Gruppe sicher gewesen.

Du ahnst, wieso wir das hier erwähnen: Es ist eine allseits übliche Herangehensweise, sich erst mal entlang des Gegebenen zu orientieren, bevor man später als Braun- oder Schwarzgurt[44] anfängt, intuitiver und flexibler zu handeln. Wir möchten dich also sehr wohl einladen, mit allem zu experimentieren, was du bis hierhin gelesen und erfahren hast – nachdem du ausprobiert hast, wie es funktioniert.

Auch uns fällt dies immer wieder schwer. Wir drängen danach, direkt zu adaptieren und anzupassen – und lassen uns dabei auch darauf ein, dass wir dieses Konzept mit über tausend Menschen getestet und verfeinert haben. In unserer Fantasie sparst du dir so einige »blaue Flecken« in deinem Seminarraum, wenn du erst mal das Bewährte nutzt.

Solltest du also die Materie durchdrungen haben, steht dem nichts im Wege, neue Module zu konzipieren, andere Übungen einzuschleusen oder gar nur Teile des Konzepts in dein eigenes zu übernehmen.

Manchmal hilft auch die umfangreichste Vorplanung nicht mehr weiter und es gilt nur noch, die eigene Intuition anzuzapfen und mit dieser die nächsten Minuten zu gestalten. Wir haben schon Übungen aus dem Nichts erfunden, weil es gerade sein musste. Diese Art des Lehrens und der Moderation nennen wir gerne »Flex Flow« – man fließt in einem biegsamen Fluss mit der Energie der Gruppe

44. Dies sind die höheren Ränge im Karatesport, die viele Jahre die Grundlagen durchgezogen haben, um dann mit einem tieferen Verständnis die Prinzipien hinter den Techniken anwenden zu können.

mit und bringt das zutage, was gesagt und getan werden muss. Alle Sinne sind hier scharf geschaltet und man handelt aus dem konkreten Moment heraus. Ein sehr lohnenswerter Zustand, der allerdings am späteren Abend oft ein besonderes Maß an persönlicher Rückverbindung braucht, um wieder in der eigenen Kraft zu landen.

3.5.3 Sein Scheitern verdauen

Solange die Beziehung zu deinen Teilnehmern stimmt, werden sie dir das ein oder andere missglückte Experiment im Kursraum vergeben. Auch ein harscher Ton gegenüber einem Teilnehmer oder ein verlorener roter Faden kann vorkommen und bedeutet nicht den Untergang deines Seminars.

Abb. 3–32 Etwas an Kais Führung bei diesem Seestern hat augenscheinlich anders funktioniert als erhofft. Eigentlich sollten die Seesterne ja aus Seil gebaut werden. Der Lernwert der Iterationen war entsprechend gering, die Teilnehmer irritiert und zweifelnd, dennoch gut gelaunt.

Ob du dir selbst solche Fauxpas verzeihst, steht wiederum auf einem anderen Blatt. Die Art, wie du mit dir selbst nach einer geringen Leistung oder einem ungewollten Ergebnis umgehst, hängt viel mehr davon ab, wie als Kind mit dir gesprochen wurde und ob du diese Art der Selbsttadelung als Erwachsener reflektiert und bewältigt hast.

Als völlig abhängiges Kind musstest du die Bewertung anderer regelmäßig hin- und annehmen, als heutiger Erwachsener kannst du dich anders um dein inneres Kind kümmern. Als zwei eher zur Perfektion neigende Menschen können wir, Jasmine und Kai, ein Lied davon singen, an der liebevollen Güte zu sich selbst zu arbeiten.

Gemessen am eigenen Anspruch werden immer wieder Dinge schiefgehen oder anders herauskommen, als du es gewollt hast. Das mag schwierig sein. Sprechen wir also nun über die »Hühnersuppe für die Trainerseele«.

Die Asche aushusten

> »Der erste Tag lief nicht wie gewollt. Schon bei der Begrüßung kamen drei Manager gemeinsam mit einer bissigen Bemerkung auf mich zu. Beim Händeschütteln drückte der dominanteste der drei Führungskräfte meine Hand mit seinem Siegelring so fest, dass es schmerzhaft wehtat. In der Rückschau wirkt es wie eine bewusst gewählte, subtile Machtdemonstration, die nur ein frustrierter Söldner mit fehlgeleitetem Herzen einsetzen konnte, um sich den zu oft verwehrten Respekt zu erkämpfen. Über den Tag steigerte sich die Kampfeslust weiter und ging immer wieder an die Grenze des Hinnehmbaren für mich. Die Nacht nach dem Seminartag träumte ich schlecht auf der Suche nach Ideen, um die Dynamik besser zu lenken und mit diesen speziellen Charakteren zurechtzukommen.«

Nach einem solchen Erlebnis, das in irgendeiner Weise heraussticht, braucht es oft ein wenig innerer Arbeit, um weiter in einem guten Gemütszustand für seine Teilnehmer da sein zu können. In der Situation selbst mag das ein Durchatmen in der Trainerpause sein, die ja meistens dann stattfindet, wenn die Teilnehmer arbeiten. Auch ein bewusstes Abschütteln durch eine kurze Yoga-Asana im Nebenzimmer oder was immer du in petto hast, hilft hier beim Zustandsmanagement. Noch etwas dezenter einsetzbar ist auch das sogenannte *Box Breathing* [Norelli et al. 2020], was für andere unsichtbar gut zur Regulation schwieriger Emotionen nutzbar ist. Bekannt wurde es interessanterweise durch den ehemaligen Navy-Seals-Ausbilder Mark Divine, der damit eine herausragende Leistung für sich erschließen konnte.[45] Am besten probierst du es genau jetzt einmal mit uns zusammen

45. Faktisch gesehen baute er noch einige weitere Bestandteile wie Affirmationen und Visualisierung in die Übung ein, auf die wir hier jetzt nicht im Detail eingehen. Für die emotionale Entlastung reicht uns der Atemaspekt des »Box Breathing« als Wirkung aus.

aus, es braucht nur wenige Augenblicke der Achtsamkeit. Es ist für uns auch ein häufiger Begleiter an roten Ampeln beim Autofahren geworden.

Atme fünf Sekunden lang tief durch die Nase ein und halte den Atem an, während du innerlich wieder bis fünf zählst, atme dann wieder fünf Sekunden lang tief durch die Nase aus und halte den Atmen wieder an, bis du bis fünf gezählt hast. Danach beginnt der Zyklus wieder von vorne – wir beenden ihn meist nach vier oder fünf Durchgängen. Das allein schafft schon erste Erleichterung. Die Abbildung 3–33 verdeutlicht den Ablauf zusätzlich.

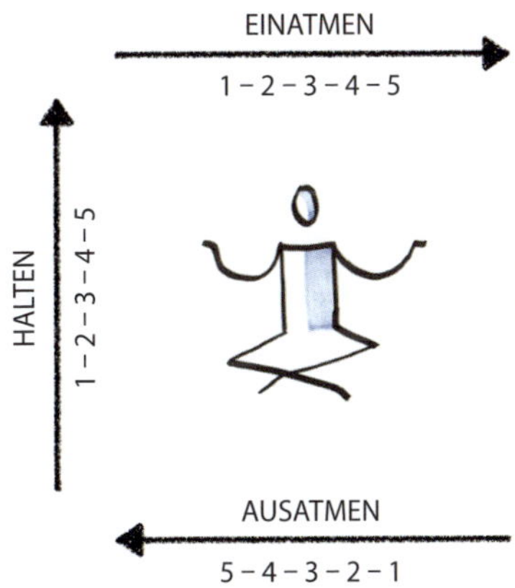

Abb. 3–33 Box Breathing folgt einem gut verständlichen, sich wiederholenden Ablauf.

Über die Jahre hinweg haben wir noch weitere Strategien entwickelt, um die emotionale Verarbeitung schwieriger Erlebnisse zu beschleunigen[46], für die wir aber ein wenig mehr Zeit und einen geschützten Raum bevorzugen. Im kommenden Abschnitt zeigen wir dir einige dieser Möglichkeiten zur Rückverbindung mit dir selbst, damit du die »Asche schnell wieder ausgehustet hast«, wenn etwas in deinem Seminar in Rauch aufgegangen ist.

Die Kraft der Rückverbindung

Zu Beginn des Buches, in Abschnitt 2.2 über die Scrum-Werte, haben wir bereits ein wenig skizziert, was hilfreiche Ansätze sind, um sich mit sich selbst rückzuverbinden.

Das Ziel dieser Aktionen ist, mit seinen eigenen Gefühlen in Kontakt zu kommen und alles, was dort schiefliegt, wieder in einen ausgeglichenen Zustand zu

46. Im Agile Growth Podcast, Folge #015, spricht Kai mit unserem Gastautor Björn Jensen über dessen Strategien, mit solchen Erlebnissen aufzuräumen: *agilegrowth.de/mindhacks*.

bringen. Eventuelle Verurteilungen sollten gehen dürfen, körperliche und seelische Verklemmungen gelockert bis gelöst werden. Insofern ist eine gute Rückverbindung eine Art von Selbstfürsorge, die uns dabei unterstützt, konstant gute Arbeit leisten zu können.

Glücklicherweise bedient sich die heutige Gesellschaft da mehr und mehr eines Wissens aus alten und uralten Traditionen. Über die verschiedensten Strömungen hinweg hat eigentlich jeder mittlerweile die Möglichkeit, für sich passende psychische und physische Reinigungsmechanismen zu finden. Pauschallösungen sind da prinzipiell schwierig, da jeder andere Bedürfnisse hat. Bei verschiedenen Trainerkolleginnen haben wir daher sehr unterschiedliche Varianten gesehen, sich rückzuverbinden.

Viele nutzen Bewegung, um den Kopf und das Herz wieder freizubekommen. Das mag eine längere Joggingrunde nach Ende des Seminartags sein oder ein einstündiger Spaziergang. Für uns ist es oft eben genau eine 35- bis 50-minütige Yoga-Einheit im Hotelzimmer mit anschließendem Abendessen außer Haus. Andersherum sinkt unsere Energie zu stark, als dass wir uns dann noch zu etwas aufrappeln könnten.

Generell wollen wie es mal so sagen: **Es braucht abends meistens noch eine kleine Auseinandersetzung mit dem inneren Schweinehund, ein letztes Mal Energie zu investieren, um die Chance zu haben, in Balance zu kommen.** Sicher, du kannst auch »technische Schulden«[47] auf dein System draufpacken und nach zwei oder drei Seminartagen versuchen, zuhause alles abzuarbeiten. Wir mögen Schulden einfach nicht so gerne, auch wenn sie manchmal unvermeidbar sind.

An dieser Stelle plädieren wir also dafür, zu experimentieren, was dir gut tut. Wir haben die Erfahrung gemacht, dass vor allem ritualisierte Bewegung nach dem Training abends hilft, den inneren Schweinehund zu überwinden. Und auch wenn es zu Hause manchmal schwierig ist, das tägliche Yoga, Jogging, Spazierengehen usw. einzuhalten, ist es für uns »im Trainingsmodus« so natürlich geworden, dass es einfach nicht mehr ohne geht.

Abseits von abendlicher Bewegung und gutem, gesundem Essen sind wir beide Fans von einem klaren Morgenritual für hohe Performance im Seminarraum. Es besteht aus mehreren Abschnitten[48], die gerne auch ein wenig variiert werden können:

---

47. Für die Nicht-Techniker haben wir hier den Begriff der technischen Schulden detaillierter in diesem Podcast erläutert: *agilegrowth.de/technische-schulden.*

48. Im Podcast »Agile Führung für Hochleistungsteams – Erste Schritte« gehen wir mehr auf dieses Format, seine Herkunft und Varianten davon ein: *agilegrowth.de/agile-fuehrung.*

- Direkt nach dem Aufwachen meditiere ich in Stille für zehn Minuten, gelegentlich auch mit einer geführten **Meditation**.
- Danach beeinflusse ich mich selbst zehn Minuten lang über Lesen und das innere Aufsagen einer Reihe von positiven **Affirmationen**, die ich über die Monate hinweg gesammelt habe.
- In einer darauffolgenden gedanklichen **Visualisierung** spiele ich den gesamten anstehenden Trainingstag mehrmals durch, wie Profisportler es tun, bevor sie einen Wettkampf bestreiten: Wann tue ich was, welche Themen besprechen wir, welche Übung hilft den Teilnehmern am besten weiter?
- Danach **schreibe** ich auf drei Seiten alle Gedanken auf, die sich in meinem Kopf befinden. Ich werte sie nicht, sondern schreibe einfach auf, was ist.
- Im Anschluss **lese** ich zehn Minuten in einem Fachbuch oder gelegentlich auch in einem Blogbeitrag, um mich für den Tag zu inspirieren.
- Am Ende nehme ich meinen **Körper** stärker in Besitz durch zehn Minuten Cross-Fit-Übungen oder ein wenig Dehnung oder eine kurze Yoga-Abfolge.

Nach diesem einstündigen, durch [Elrod 2016] inspirierten Prozess, für den ich tatsächlich bewusst eine Stunde früher aufstehe, bin ich innerlich aufgeräumt und startklar, um hohe Leistung abzurufen.

Statt Affirmationen sind auch zwei Fragen hilfreich, die wir uns manchmal morgens stattdessen stellen:

- Was ist das Beste, das ich an diesem heutigen Tag erschaffen möchte?
- Was ist das Beste, das ich an diesem heutigen Tag erleben möchte?

Dies hilft uns, positiv in den Tag zu starten, was sich vorteilhaft auf den gesamten Verlauf des Tages auswirken wird.

Auf ein Neues

Ein neuer Tag beginnt, eine gute Möglichkeit, offene, unausgesprochene Dinge mit allen oder einzelnen Teilnehmerinnen zu bearbeiten und den eventuellen Schaden einzugrenzen. Mut, Offenheit und Respekt sind hier definitiv unsere Freunde:

Nach der schwierigen Begegnung mit den drei Führungskräften am Vortag war mir klar, dass ich gesondert auf sie eingehen musste. Gleich am Morgen beim Begrüßungskaffee sorgte ich dafür, dass wir etwas abseits der Gruppe ein vertrauliches Gespräch führen konnten. Ich äußerte meine Beobachtungen vom Vortag und meine Skepsis, ob sie wirklich im richtigen Seminar hier seien. In einer längeren Diskussion fanden wir dann eine gemeinsame Position. Es hatte sicher einen günstigen Einfluss, dass ich ihre herausfordernde Situation im Unternehmen gut nachvollziehen konnte, die sie in dieses Seminar gelotst hatte. Schlussendlich fragte mich der am ersten Tag so unbequem aufgefallene Manager nach Seminarende, ob ich auch für Coaching und Beratung vor Ort Zeit hätte.

Wir Menschen fühlen eine ganze Menge. Häufig kann der Kopf nicht klar sondieren, was es ist. Man spürt, dass etwas nicht stimmt oder dass in der Beziehung etwas nicht geklärt ist. Unausgesprochenes auszudrücken bringt Klarheit. Die Gruppe oder die Teilnehmerin weiß nun, woran sie ist, und wir können einen Schritt in unserer gemeinsamen Entwicklung weitergehen.

Falls du in deinen Seminaren gelegentlich sowieso über Teamentwicklung sprechen solltest, ist es gut, wenn du dir vorher immer wieder bewusst machst, dass auch du in jedem Training mit deinen Teilnehmern einen Entwicklungsprozess durchläufst. So darf man sich einfach nicht über schwierige Situationen in der Gruppendynamik wundern. Mit der Gruppe organisch verwoben das Erlebte zu bearbeiten, ist ein Teil des Spiels des gemeinschaftlichen Lernens für uns.

Alle Höhen und Tiefen gehören zum Seminar dazu und zeigen, dass wir mit einem lebendigen System arbeiten, auch wenn uns das gelegentlich mal auf die Nerven gehen kann. Je schneller wir in eine Haltung von authentischer Neugierde für den Moment zurückkehren, umso leichter führen wir mit Authentizität durch die schwierigen Phasen.

Wenn du also mit Störungen bewusst und emphatisch umgehst, konkret auf Teilnehmer zugehst und mit ihnen Lösungen suchst, machst du auch an dieser Stelle die Haltung eines Scrum Masters spürbar. Dies zu erleben kann für die Teilnehmer zu einem noch viel größeren Aha-Effekt führen als alle zuvor beschriebenen Übungen.

3.6 Vorbei ist nicht vorbei: Nachbereiten

Das Seminar ist vorbei, der Alltag deiner Teilnehmer beginnt. Werden sie Ideen, Konzepte und Haltung aus dem Training integrieren können? Wir tauchen in den Abschluss der Scrum-Grundlagen-Lernreise ein.

3.6.1 Was deine Teilnehmer jetzt brauchen

Wer erfolgreiche Veränderungen im Leben angestrebt hat, ohne dass diese durch drastische Schmerzen oder Ängste motiviert waren, der hat schon ein Gespür dafür, wie häufig Veränderung scheitert. Doch was kann man tun, um Veränderung wahrscheinlicher zu machen? Als Lehrende ist es doch schlussendlich das, was uns antreibt: Das Ermöglichen von wichtigen Erkenntnissen, die die Entscheidungen unserer Teilnehmer in Zukunft leiten. Handlungsrelevante Veränderung.

Wir sind über die Jahre immer mehr Fans von Ritualen geworden, um Veränderung zu festigen. **All das, was man kontinuierlich in seinem Leben unterbringt, manifestiert sich auch.** Wenn wir einfach täglich zwei Stunden an diesem Buch schreiben, ganz unabhängig davon, ob wir gerade Lust haben oder wir uns inspiriert fühlen, so entsteht unausweichlich dieses Buch hier.[49] Wer dienstags und donnerstags Sport macht, bekommt grundlegende Fitness. Wer regelmäßig die Zähne putzt, hat seltener Karies. Dir fallen da sicher noch mehr Rituale ein, die Ergebnisse produzieren.

In diesem Sinne ist der wichtigste Schritt für deine Teilnehmer nach dem Seminar, Scrum einzusetzen. Durch Sprints und Ereignisse etabliert sich so automatisch eine Ritualstruktur, die dem Team und Individuum zum Wachstum gereicht und somit das Gelernte verankert. Bereits praktizierende Scrum-Anwender haben es da noch ein Stück leichter: Häufig haben sie schon im Training etliche Erkenntnisse, die sie »gleich am Montag« anwenden wollen.

Erfolg für dieses Seminar bedeutet, individuellen Fortschritt gestiftet zu haben. Dieser ist für jeden einzigartig und kann von der konkreten Problemlösung bis zu einer grundlegenden Motivation reichen, Scrum einfach einmal auszuprobieren.

49. Jetzt weißt du endlich auch, an welchen Tagen die Flachwitze hier im Buch und die kruden Analogien entstanden sind.

Nach meiner Certified Scrum Master®-Schulung 2007 probierte ich dieses Scrum in unserem Team einfach einmal aus. Die Funktion dieser ersten Schulung war in der Rückschau für mich, ein erstes bisschen Wissen und Erfahrung zu sammeln und den Mut zu spüren, es tatsächlich versuchen zu können. Natürlich war damit keine Meisterschaft als Scrum Master in mir geboren, die kam erst Jahre später nach unzähligen Versuchen in unzähligen Kontexten Stück für Stück dazu, aber es reichte aus, um optimistisch zu beginnen.

Da nun also alle entscheidenden Dinge bereits im Training inspiriert wurden, hilft nun noch eine schnelle Nachbereitung, sodass alle wichtigen Flipcharts und Ressourcen vorhanden sind, um das eigene Scrum-Experiment zu starten.

In der minimalen Ausführung sind das ein Fotoprotokoll sowie eine Fassung des aktuellen Scrum Guide. Wir legen gerne noch ein paar Fachartikel und Podcast-Folgen dazu.

3.6.2 Zusatzangebote, die Freude machen

Einige Trainer bieten explizite **Transfercoachings** als Teil ihres Seminarprodukts an. Diese Idee verbessert die Chance auf eine Umsetzung und bietet eine höhere Wahrscheinlichkeit, als Coach im Nachgang einen Auftrag zu akquirieren. Ob du dies tust, steht und fällt mit der Frage, wie wichtig dir neue Coaching-Aufträge sind und wie viel Zeit du nach dem Kurs dafür reservieren möchtest.

Wir haben diese Angebote gelegentlich im Einzelfall ausgesprochen, wenn wir den Eindruck hatten, dass ein Coaching uns in dem konkreten Kontext oder bei einem bestimmten Produkt gleichermaßen Freude machen würde wie unserem Kunden. Darüber hinaus kann jeder Seminarteilnehmer uns immer gerne im Nachgang kontaktieren.

Aus unserer Erfahrung nutzen diese Möglichkeit maximal 1 % der Lernenden – es wartet also keine Flut von Arbeit auf dich und die, die sich melden, sind oft dankbar für **ein kurzes Gespräch, einen hilfreichen Fachartikel oder einige klärende Fragestellungen zur eigenen Situation.**

Für viele ist eine zweitägige Scrum-Schulung der Einstieg in einen mehrjährigen Karriere- und Entwicklungspfad. Die zu lernenden Inhalte sind vielfältig, die benötigten Fähigkeiten, agiles Produktmanagement gut zu betreiben, umfangreich. Sollte dein agiles Wissen also über die Grundlagen hinausgehen, bietet sich im Nachgang sicher ein **Folgeseminar** als mögliches Produkt an, das entsprechende Facetten der Scrum-Verantwortlichkeiten vertieft. Deine ehemaligen Teilnehmer sind die ideale Zielgruppe dafür, denn wer einmal in etwas Sinnvolles investiert hat, tut dies meist noch ein weiteres Mal.

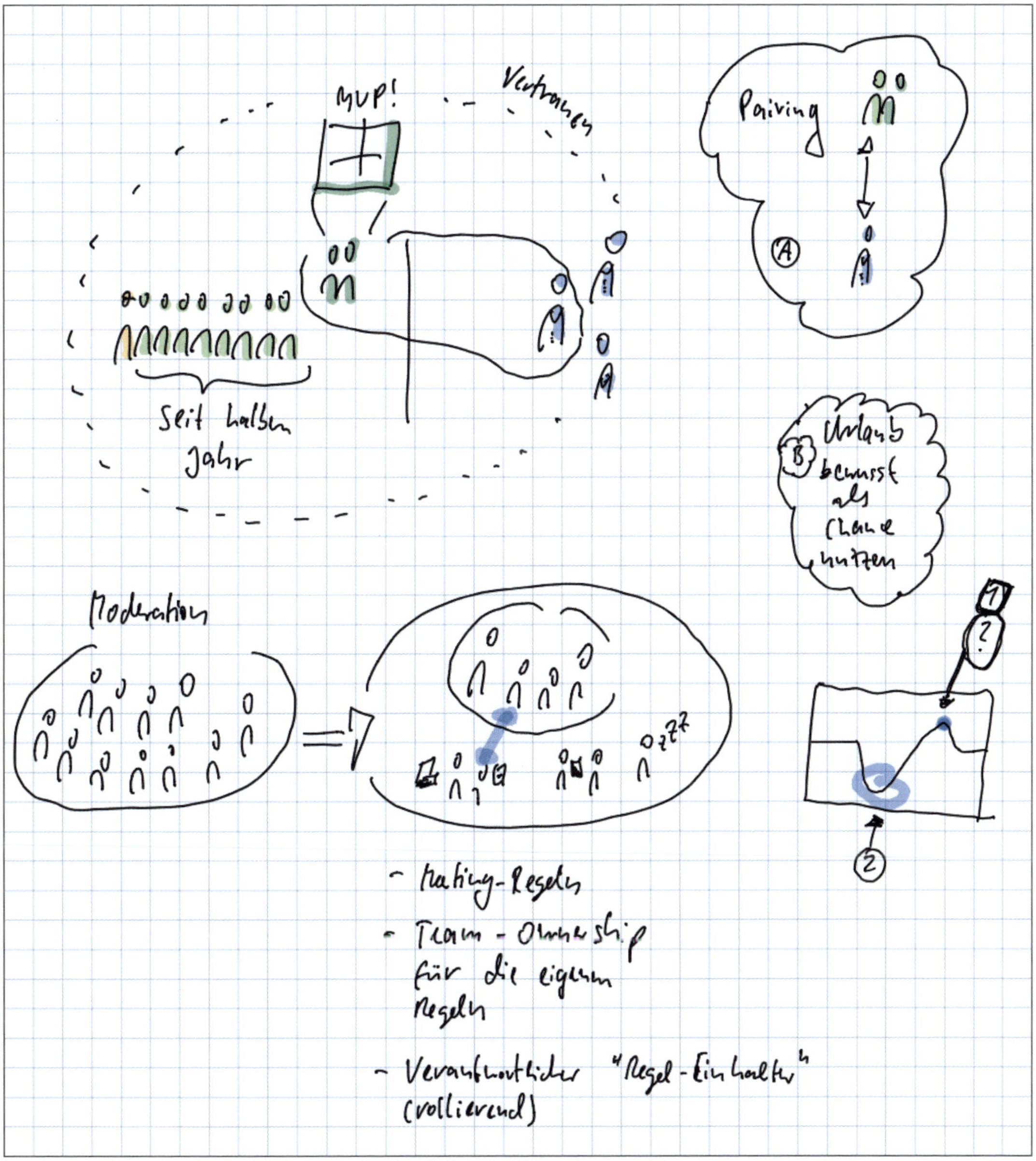

Abb. 3–34 Häufig sind unsere Transfercoachings eher virtuelle Angebote, da Seminarteilnehmer meist nicht um die Ecke wohnen. Wir nutzen neben der Webcam in der Regel auch ein Tablet oder ein virtuelles Whiteboard, um eine Situation auch visuell zurückzuspiegeln.

4 Überragende Lernerlebnisse im Seminarraum liefern

Nachdem wir uns also um die Haltung des Trainers oder der Trainerin und Inhalte für ein hervorragendes Training gekümmert haben, geht es nun um die konkreten Interventionen, die wir im Verlauf eines Seminars nutzen können, um das entstandene »System im Raum« in einem guten Zustand zu halten. Auch die Ergänzung des Seminarkonzepts um neue, wirksame Bestandteile kann dabei eine Maßnahme sein.

Unser System startet leider nicht immer automatisch in einem »guten Zustand«, noch bleibt es längere Zeit ohne Einwirkung verlässlich darin. Um in dem von [Appelo 2011] verwendeten Bild zu sprechen: Wenn du deinen Garten einfach wachsen lässt, kommt zwar auch ein großes Stück Natur heraus, doch ob es dem Betrachter gefällt, ist dann eher zweifelhaft – zumindest wenn du kein Fan von kompletten Wildgärten bist.

Komplexe adaptive Systeme wie Gruppen in einem Seminar »wuchern« auch erst mal auf gewisse Art und Weise, bis jemand Führung übernimmt und durch seine Intention einen definierten Zustand anstrebt. Für das große Ganze, also den Rahmen, sind wir als Trainer verantwortlich, die beobachten, bewerten und handeln, um das Lernen für alle zu erleichtern.

4.1 Die Dynamik der Gruppe verändern

Ist es heute ein lauer Morgen oder ächzen unsere Teilnehmer, wenn es direkt mit voller Kraft im Programm weitergeht, obwohl dem ein oder anderen noch ein zweiter Kaffee fehlt? Wie auch immer der aktuelle Zustand unserer Gruppe ist: wir als Trainer wirken darauf ein, ihn zu ändern.

Die Gruppendynamik in einem Seminar lässt sich prinzipiell auf unterschiedliche Arten beeinflussen. Viele der Elemente, die wir zur Steuerung verwenden, hast du bereits im Verlauf dieses Buches kennengelernt.

Als Einflussfaktoren zählen zum Beispiel:

- die konkrete Gestaltung der Trainingsräumlichkeiten,
- der signifikante Unterschied zwischen Vor-Ort- und Remote-Seminare,
- die Anordnung der Übungen im Seminarverlauf,
- die Ansprache verschiedener Sinneskanäle,
- die Art und Weise, wie Übungen konzipiert sind,
- der Feedbackkanal der Gruppe zu sich selbst in Retrospektiven und im mittäglichen Daily Scrum,
- die Regeln, die wir gemeinsam für das Seminar vereinbart haben, und
- unsere Laune und Energie als Seminarleiter.

Dir fallen da sicher noch mehr Elemente ein. Alle diese Faktoren tragen zur Gruppendynamik bei. Des Weiteren benutzen wir gerne bewusst zusammengestellte Musik-Playlisten, um unsere Gruppen zu konkreten Stimmungen einzuladen.

Darüber hinaus braucht es ein schlüssiges Pausenkonzept, bei dem die Teilnehmer ihre Pausen zusammen verbringen und sich bestenfalls bei leckeren Getränken und Essen austauschen können.

Wir werden immer wieder verleitet, insbesondere die Mittagspause kürzer als eine Stunde zu gestalten. Für uns hat sich aber gezeigt, dass genau diese Interaktionen und der Erfahrungsaustausch bei einer kürzeren Mittagspause fehlen und sich negativ auf die Teamdynamik auswirken, weshalb wir bei mindestens einer Stunde, gelegentlich auch 75 Minuten bleiben.

Was wir weiter aktiv mitgestalten, ist, in welchen Gruppenkonstellationen gearbeitet wird. Wenn die um Tische gruppierten Teams produktiv sind und gut funktionieren, verstärken wir diese Interaktionen. Stellt sich andererseits jedoch heraus, dass diese Teams nicht wirklich zusammenfinden, haben wir immer noch die Möglichkeit, die Zusammenarbeit und interaktive Übungen in Zweier-, Dreier- oder Viererkonstellationen durchführen zu lassen, die frei von unserer initialen Teamaufteilung sind.

Grundsätzlich bemerken wir, dass durch die verkürzte Teamselbstselektion[1] gelegentlich die Notwendigkeit einer Änderung der Lernteamzusammensetzung besteht. Aus unserer Erfahrung war es aber nur eins von gut zwanzig Seminaren, in dem die Teamdynamik einer Lerngruppe grenzwertig schlecht auf uns wirkte. Den Schachzug, alle Gruppen neu zu durchmischen, hätten wir sicher auch noch in

1. Üblicherweise iteriert man bei der Selbstzusammenstellung von Teams mehrere Runden, bis diese unter verschiedenen Blickwinkeln gut balanciert und zur Sache passend aufgestellt sind. Diese Korrektur-Iterationen sparen wir uns im Training in aller Regel.

der Hinterhand, haben diesen aber bisher nicht eingesetzt, da der Aufwand für die neue Teamzusammenfindung den erwarteten Effekt aus unserer Sicht überschatten würde.

So simpel das klingen mag, aber natürliches Licht im Raum und genügend frische Luft haben ebenfalls einen Einfluss auf deine Gruppe und deren Energieniveau. Wir lüften in Pausen und während Arbeitsphasen und thematisieren öfters in den kurzen Tagesretrospektiven die Temperaturbedürfnisse unserer Lernenden zwischen antarktischer Kälte und subtropischer Wärme. Meist findet sich in der Gruppe ein Kompromiss aus persönlich-zwiebelschalenartiger Kleidung und aktivem Heizungs- und Frischluftmanagement durch einen freundlichen Helfer im Raum, der diese Verantwortung übernimmt.

Falls du häufig Seminare abhältst, willst du vielleicht sogar ein Kohlenstoffdioxid-Messgerät anschaffen, das dich daran erinnert, dass die Luft im Workshopraum schlechter wird und es Zeit zum Lüften ist. Zu unserem Erstaunen ist die Luftqualität häufig schlechter, als wir dies intuitiv gedacht hätten.

Du siehst: **Es gibt eine ganze Fülle von Faktoren, die du aktiv beeinflussen kannst.** Um nun einen bestimmten Zielzustand mit deiner Gruppe zu erreichen, hilft dabei eine dir vermutlich mehr als bekannte Strategie: Einen Faktor mit einer Intention ändern, inspizieren und adaptieren, so lange bis wir im gewünschten Zustand sind.

In diesem Sinne wünschen wir dir viel Spaß beim Erschaffen deiner Zielvorstellung für deine individuelle Seminaratmosphäre, die du mit den Lernenden erfahren möchtest. Unser Seminargeist ist geprägt von möglichst großer Menschlichkeit und den vorab beschriebenen Scrum-Werten. Ob uns das immer gelingt, liegt dabei wohl schlussendlich im Auge des Betrachters. Wir sind zumeist zufrieden – und unsere Stakeholder sind es laut ihrem Feedback auch.

4.2 Von Vielrednern und Egoisten

Der eine redet zu viel, der andere möchte auf Teufel komm raus im Vordergrund stehen. Ein weiterer macht ständig zu laute und vor allen Dingen zu viele Witze. Und eine »guckt ganz bös drein«.

Obwohl es verlockend wäre, sie alle in kleine gedankliche Kisten zu stecken und die idealen Handlungsmuster im Umgang mit ihnen zu erlernen, verzichten wir an dieser Stelle bewusst auf die Kategorisierung von störenden Teilnehmern und deren Mustern.

In unseren Augen sind solche Kategorisierungen im konkreten Umgang vielleicht kurzfristig hilfreich, jedoch für uns nicht so relevant, um sie zu vertiefen, anzuwenden oder sie zu lehren. Meist sind wir als Trainer im Seminar so gefordert damit, den Raum zu erfassen und die Dynamik zu steuern, dass die Wahrnehmung einer solchen Kategorisierung auf einer Metaebene uns auch wenig praktikabel erscheint.

4.2.1 Störungen haben Vorrang

Grundsätzlich setzen wir in Seminaren auf das zweite Postulat der themenzentrierten Interaktion [Langmaack 2011]: »Störungen haben immer Vorrang.«

Störungen entstehen dabei nicht einfach so. Meist entstammen sie einer Situation, die wir als Trainer durchaus hätten beeinflussen können. Im Nachgang ist es also sicher spannend, herauszufinden, wie wir dieses Problem zuerst miterschaffen haben und auch wie wir es verhindern können, dass es im nächsten Seminar erneut auftaucht. Doch zunächst ist diese Situation nun da. Jetzt, in diesem Moment, in deinem Seminarraum. Was nun?

Zuallererst: Wir als Seminarleiter müssen mit diesen Störungen umgehen, das ist unser Job. Dabei ist es unsere tiefe Überzeugung, dass wir alle Dysfunktionen am besten genauso handhaben, wie wir es auch als Agile Coaches tun würden. So lernen unsere Teilnehmer direkt am praktischen Beispiel und nehmen uns als authentisch wahr.

Daher beschreiben wir nun die Art und Weise, wie wir mit Störungen umgehen.

Zuerst akzeptieren wir innerlich die Störung erst mal als eine Informationsquelle. Wir betrachten sie abseits der emotionalen Ladung, dissoziiert von außen, als etwas, was nun einfach hier ist und unsere Aufmerksamkeit erfordert. So betrachtet ist die Störung weniger bedrohlich für Erfolg oder Misserfolg des weiteren Seminarverlaufs. Störung ist mit einer Information gleichzusetzen, die meistens mit leidenschaftlichen Gefühlen einhergeht.

Nachdem wir also die Störung als »interessante Information« kategorisiert haben, begegnen wir unseren Teilnehmern in ihren wichtigsten Sorgen mit unserer Haltung und dem dazugehörigen adäquaten Verhalten, das wir in den kommenden Abschnitten darstellen.

4.2.2 Eine Haltung der Neugierde und des Respekts

In der Auseinandersetzung mit einer oder mehreren Personen in Bezug auf die Störung versuchen wir den agilen Werten und Prinzipien möglichst treu zu bleiben. Das heißt, wir stellen Individuen und Interaktionen in den Vordergrund.

Analog hat unser Menschenbild einen großen Einfluss auf die Art, wie wir in einer solchen Situation weiter kommunizieren. Lass uns daher tiefer in den Geist eintauchen, der unser Handeln lenkt.

Wir mögen die Vorstellung eines grundsätzlich ressourcenvollen Menschen, der durch Erfahrungen und Erlebnisse zu der Person geworden ist, wie sie ist.

Uns hilft es dabei, so wie viele Coaches es auch tun, mit Neugierde ein Seminar zu beginnen, um jedem Teilnehmer neu begegnen und das Wissen und die Persönlichkeit eines jeden Teilnehmers wertschätzen zu können.

4.2.3 Jeder hat sein Bestes versucht

Bei einer vielleicht irritierenden Handlung eines einzelnen Teilnehmers oder einer Gruppe berufen wir uns gerne auf die von Norman Kerth [Kerth 2013] beschriebene Haltung, die wir bereits aus Retrospektiven als die sogenannte »oberste Direktive« kennen:

»Unabhängig davon, was wir entdecken, verstehen und glauben wir wirklich, dass jeder die beste Arbeit geleistet hat, die er in Anbetracht seines damaligen Wissens, seiner Fähigkeiten und Fertigkeiten, der verfügbaren Ressourcen und der aktuellen Situation leisten konnte.«

Diese innere Haltung hilft uns, den Menschen eben nicht in eine Schublade zu stecken, sondern davon auszugehen, dass auf der systemischen Ebene Veränderungen angestoßen werden können, die die Handlungen in Zukunft positiv beeinflussen – und dass eben eine solche Veränderung bisher fehlte.

Kommunikationstrainer Bert Feustel hat uns eine gute Leitfrage mit auf den Weg gegeben: Sobald eine Störung von uns wahrgenommen wird, fragen wir uns:

Stört es nur uns oder stört es die gesamte Gruppe?

Sollte Ersteres der Fall sein, lohnt es sich meistens nicht, Energie in die Auflösung der Störung zu investieren. Wir versuchen uns dann in mentaler Entspannung und merken uns das Thema für den inneren Aufräum- und Wachstumsprozess am Abend. Etwas in uns ist getriggert und arbeitet. Das mag unbequem sein, doch jetzt und hier ist der falsche Ort, diese Arbeit im Dialog mit den Teilnehmenden zu tun.

Stellen wir fest, dass ein Verhalten die gesamte Gruppe stört, ändern wir entweder den Kontext durch eine Gruppenübung oder treten mit der Person in Kontakt, die aus unserer Sicht die Störung initiiert.

So wie wir es als Agile Coaches machen würden, suchen wir in einer Kaffeepause den direkten und vertraulichen Kontakt und versuchen im Gespräch herauszufinden, was diese Person zu dem jeweiligen Verhalten bringt.

Es war Herbststimmung in Bern. Vom Seminarraum aus konnte ich die mit Wolken verhangenen Berge sehen und ein wenig Regen war am Morgen auch schon gefallen. Die Stimmung war eigentlich gut, doch etwas irritierte mich: Meine zwanzigminütige Kaffeepause um 10 Uhr hatte ich auf einer großen, offen zugänglichen Stoppuhr eingestellt, die für alle sichtbar im Seminarraum stand. Als ich nach gut 18 Minuten von der Kaffeeecke zurückkehrte, war der Timer auf weitere 40 Minuten eingestellt worden. Ich dachte mir nichts Großes dabei, stellte ihn auf 2 Minuten und rief alle zum Weiterarbeiten zurück.

Seltsam wurde es dann, als auch am Nachmittag der Timer wieder verdreht wurde. Meine Verwunderung wurde langsam zu Verärgerung. War dies nun nur meine Baustelle oder ein Problem für alle? Ohne die Uhr war es für alle Teilnehmenden schwerer, die Restzeit der Pausen zu erkennen. Ich entschied mich, aktiv zu werden, und fragte irritiert in die Gruppe rein: Hat jemand an der Uhr gespielt? Ein Teilnehmer meldete sich. Als ich ziemlich konsterniert in sein Gesicht schaute, entgegnete er, das hätte ihm Spaß gemacht, er hätte nicht gewusst, dass ich die Zeit für etwas bräuchte. Auch wenn ich nicht hundertprozentig überzeugt war, dass das nun die reine Wahrheit war, endete das Verhalten damit und die Störung war behoben.

Wir haben schon oft die Erfahrung gemacht, dass das Verhalten durch ein Gespräch und allein durch das »Gesehenwerden« bereits verändert wird. Oft formulieren wir unsere Rückmeldung im Format der gewaltfreien Kommunikation [Rosenberg 2016] mit Wahrnehmung, ausgelöstem Gefühl bei uns, Bedürfnis und konkretem Handlungswunsch. Das kommt zwar manchmal etwas hölzern rüber, ist aber – wenn es von Herzen kommt – hochwirksam.

Wir erarbeiten daraufhin falls nötig mit der jeweiligen Teilnehmerin eine neue Vereinbarung für die verbleibende Seminarzeit. Danach kann der Kurs im gewohnten Rahmen weitergehen.

4.3 Die Bedeutung von Emotionen

Emotionen finden wir in jeder möglichen Alltagssituation wieder. Nicht nur die großen Gefühle wie bei einer Hochzeit oder einem Unfall schlagen zu einem durch, auch der Anruf der Eltern oder die Zeichnung des eigenen Kinds können uns emotional berühren.

Prädestiniert für das Auftreten von Emotionen sind nach [Brandstätter et al. 2018] Interaktionen mit anderen Menschen, in denen es um das Knüpfen, Pflegen oder den Verlust sozialer Beziehungen geht oder eben um soziale Interaktionen im Alltäglichen. Somit sind wir im Seminarraum genau am richtigen Ort, um Emotionen zu spüren, und können auch davon ausgehen, dass andere »emotional werden können«.

Aus unserer Beobachtung können wir die Anzahl und Dichte von Emotionen eines Trainings gut an solch einfachen Dingen erkennen wie:

- Wie häufig lachen wir zusammen?
- Wann geht jemand an die Decke in Bezug auf ein Thema?
- Wann ist die Gruppe eher konzentriert und wann gelöst?

Doch hilft uns diese verstärkte Chance auf Emotionen im Seminarkontext oder hindert sie uns eher? Aus psychologischer Sicht ist es unumstritten, dass emotional relevante Ereignisse gegenüber neutralen einen Gedächtnisvorteil aufweisen [Brandstätter et al. 2018]. Wenn du selbst kurz überlegst, was aus deiner Kindheit an Erinnerungen hängen geblieben ist, fällt dir vermutlich auf, dass es eher die schönen oder schmerzhaften Momente sind, die sich hervorragend abrufen lassen.

Folglich hilft einem bei der Seminarkonzeption die Frage: Wie schaffen wir die Rahmenbedingungen für eine Vielzahl von Emotionen bei unseren Teilnehmern? Im hier beschriebenen Konzept bieten vor allen Dingen die Gruppenübungen den notwendigen Raum, um anderen emotional zu begegnen, allen voran die Aquarien-Simulation (siehe Abschnitt 3.3.7) und die Verantwortlichkeiten-Klärung (siehe Abschnitt 3.4.3).

4.4 Wissen, wo die Teilnehmer stehen

Sofern du ein Seminar hältst, das mit einem Zertifikat abschließt, haben deine Seminarteilnehmerinnen nach Abschluss oder je nach Gestaltung auch im Seminar bereits die Möglichkeit, ihr Wissen gegen einen umfangreich gestalteten Test zu validieren. Solch eine Lernkontrolle ist hilfreich zur Verankerung des Wissens, sagt natürlich darüber hinaus wenig über tatsächliche Erfahrungen im Thema aus.

Sofern du über keinen Abschlusstest verfügst, obliegt dir noch stärker als ohnehin schon die Verantwortung, irgendwie mitzubekommen, was von den von dir vermittelten Inhalten bei den Teilnehmenden tatsächlich angekommen ist.

In unseren Seminaren nutzen wir dazu verschiedene Instrumente. Fragen sind ein guter Anhaltspunkt, als Kursleiter zu verstehen, wo wir ein Thema unzureichend dargestellt haben. Ermutige also gerne die Teilnehmenden, sich zeitnah zu äußern, wenn etwas unklar sein sollte. Auch wenn uns ein Stirnrunzeln auffällt, haken wir nach, um proaktiv in die Klärung einzusteigen.

So lesen wir also gerne auch in den Gesichtern der Menschen. Zwar können wir nicht jeden minimalen Emotionsausdruck korrekt interpretieren, wie es so manch ein FBI-Profiler nach jahrelanger Schulung wohl tun kann, doch dem ein oder anderen Teilnehmer steht ein Fragezeichen mehr als deutlich ins Gesicht geschrieben. Entdecken wir solch ein Zeichen starker mentaler Anstrengung oder offensichtlicher Verwirrung, halten wir die Inhalte an und sprechen die Teilnehmerin aktiv an: »Du siehst aus, als ob dich etwas ziemlich beschäftigt, Mareike, was fehlt dir noch?« Häufig klärt sich dann das Thema und unsere Teilnehmerin fühlt sich darüber hinaus gesehen, was auch der Gruppenatmosphäre wiederum guttut.

Scrum kennt darüber hinaus ein schönes Werkzeug, um zu überprüfen, ob Dinge fertig sind: die Definition of Done. Meist führen wir auch für unser Lern-Backlog eine solche ein, die wir gemeinsam mit den Teilnehmenden zusammenstellen. Dies vermittelt nicht nur das Konzept[2], sondern ergibt auch inhaltlich einen Sinn.

Diese Definition of Done enthält dann meist folgende Elemente:

- Es gibt keine Fragen der Teilnehmenden mehr, die jetzt gestellt werden wollen.
- Die Lernziele für das Thema sind erfüllt.
- Wir Trainer wollen nichts mehr anfügen.

So ergibt sich also nach jedem Lern-Backlog-Eintrag die Chance, für jeden Lernenden nochmals zu prüfen, ob ihm noch etwas Wichtiges fehlt. Nicken alle zuversichtlich bei der Abfrage unseres Definition-of-Done-Kriteriums, scheint ein gewisser Stand von Klarheit erreicht zu sein.

Als letzte Chance gibt uns das abendliche Sprint-Review einen Einblick in die Kernerkenntnisse und »Aha-Momente« der einzelnen Teilnehmer. Hier ist es oft spannend, mitzuverfolgen, wer welche neuen Perspektiven gewinnen konnte.

---

2. Zur Vertiefung des inhaltlichen Konzepts der Definition of Done fügen wir bei geringem Vorwissen der Teilnehmenden gerne auch einen separaten Backlog Eintrag zu diesem Thema zu unserem Lern-Backlog hinzu. Der dort von uns vermittelte Inhalt ist im herunterladbaren Trainerleitfaden als Bonus auf Seite 12 ebenfalls für dich abgebildet.

Gelegentlich biegt eine Erkenntnis in eine problematische Richtung ab, was uns dann genau in diesem Moment auffällt. Hier haben wir direkt nach Tagesende meist noch die Möglichkeit, auf diesen einen Teilnehmer zuzugehen und zu erfragen, wie oder was genau er meinte, als er eben seine Erkenntnis mitteilte – und dann ein kleines vertiefendes Gespräch zu führen.

Zusammenfassend gibt es also etliche Momente, die uns Inspektionspunkte bieten, um zu erkennen, wie unsere Wissensvermittlung fruchtet und wo jeder Einzelne steht.

4.5 Das Timing im Blick halten

Während wir uns in der ersten Sprint-Planung befinden, schauen wir gelegentlich in sorgenvolle Gesichter von Teilnehmenden: Aber kriegen wir das alles denn hin? Unsere flapsige Antwort darauf ist meist: »Mit Scrum liefern wir immer pünktlich. Die Frage ist nur was.« Während die Teilnehmer sich darüber meist amüsieren, wird ihnen irgendwie klar, dass das tatsächlich ernst gemeint ist.

Wir werden es vermutlich nicht schaffen, alle aufgekommenen Ideen zu bearbeiten. Und das ist gut so, ist es doch ein Teil einer jeden gesunden Produktentwicklung: Wir haben mehr vor, als wir schaffen können.

Trotzdem möchten wir als Seminarleiter natürlich genauso eine runde Sache abliefern, wie die feste Länge eines jeden Sprints betonen. Deswegen endet jeder Tag unabhängig von den Inhalten dann, wenn der Lern-Sprint endet. Im Zweifel wird der gerade betrachtete Inhalt einfach unterbrochen – durch Sprint-Review und Sprint-Retrospektive.

An dieser Stelle »hart zu sein« simuliert die Arbeitsrealität in Scrum einfach am besten: An einem Sprint-Ende gibt es eben auch keine Verlängerung, um noch mal ein wenig weiterzuarbeiten.

Somit ist die einzige Konsequenz, wenn wir im Seminar rumbummeln und vom Hölzchen aufs Stöckchen kommen, dass am Ende etwas hinten runterfällt. Da dies mehr und mehr auch den Teilnehmenden unserer Gruppe klar wird, sorgen wie durch Zauberhand unterwegs mehr und mehr Menschen dafür, dass ein wenig mehr Zug in die Diskussionen kommt. In der abendlichen Retrospektive oder im mittäglichen Daily Scrum werden oft Zeichen vereinbart, wie man als Teilnehmer signalisieren kann, dass ein Thema nicht mehr weiter von Interesse ist und die Gruppe bitte die Diskussion zu Ende bringen will.

Bei dieser Strategie gilt natürlich wie immer, dass die wichtigsten Inhalte auch zuerst geliefert werden sollten, damit im Zweifelsfall das am wenigsten Wichtige nicht mehr im Seminar thematisiert wird.

Manche Trainerkollegen nutzen an dieser Stelle auch gerne das Konzept eines *Product-Burndown-Graphen*[3], um es nicht nur als Werkzeug einzuführen, sondern auch die Chance auf eine Punktlandung bei der aktuellen Lerngeschwindigkeit der Teilnehmenden zu visualisieren.

Als Ass im Ärmel haben wir dann immer noch unsere Strategie des Lean Coffee respektive Open Space, um in der Schlusskurve mit verändertem Arbeitsmodus die wichtigsten Fragen noch zu klären.

Aus diesem Grund legen wir kein besonderes Augenmerk auf die Einhaltung eines strikten Zeitplans neben den üblichen »Minimalsteuerungen«, damit eine Übung zum Beispiel kurz vor der Mittagspause als Punktlandung endet.

Auf der anderen Seite sind wir in der Einhaltung der Lern-Sprint-Zeiten und Pausen eher auf die Minute exakt. Mit Scrum liefern wir eben pünktlich, nur bleibt flexibel was.

4.6 Weshalb wir beim Problem ansetzen sollten Mit einem Gastbeitrag von Olaf Bublitz[4]

Jedes hier im Konzept beschriebene Modul beginnt damit, eine Verbindung zum Lernenden herzustellen. Die meisten Menschen profitieren davon, vor einem Lernschritt verstanden zu haben, wieso es sich lohnt, die nachfolgenden Inhalte aufzunehmen. Denke gerne selbst einmal an die Schulzeiten zurück, in denen die einzige Motivation war, dass man das Gelernte wohl mal irgendwann für das eigene Leben brauchen könnte. So richtig half dieses Wissen eigentlich nicht. Die Verbindung zur eigenen Situation ist zu abstrakt, zu wenig spürbar, die Relevanz zu gering.

Unsere Tochter war mit sieben Jahren zum Beispiel auch kein großer Fan von Rechenaufgaben, bis wir ihr ein Taschengeld jede Woche bezahlten und wir sie nachrechnen ließen, ob wir ihr auch genügend Münzen gegeben haben. Natürlich haben wir uns aus schier unerfindlichen Gründen öfters dabei vertan, was in eif-

3. Ein Product-Burndown-Graph stellt die Anzahl der unfertigen Product-Backlog-Einträge über die Zeit dar. Er sollte spätestens zum Auslieferungszeitpunkt entsprechend bei null ankommen, wenn wir alles im Product Backlog Geplante schaffen wollen. Manche Teams variieren diese Darstellung durch den Einsatz von Schätzwerten wie z. B. den sogenannten »Story Points«. Mehr dazu unter *agilegrowth.de/story-points*.

4. Mehr über Olaf Bublitz erfährst du in unserem Podcast-Interview mit ihm unter *agilegrowth.de/dr-olaf-bublitz* oder auf seiner Webseite *ri-level.de*.

rigem wöchentlichem Nachzählen mündete und zumindest den zeitweiligen Wunsch nach mehr Fähigkeiten in der Addition in ihr aufkeimen ließ. Die Relevanz des Lernens war gestiegen.

Ohne innerlich erkannte und spürbare Herausforderung ist das Anknüpfen an ein Konzept oder gar eine Lösung deutlich schwerer. Ein Praxisbericht von Olaf Bublitz unterstreicht, was wir damit meinen:

Als ich einmal mit Kai zusammen von der SRH Hochschule Heidelberg die Einladung bekommen hatte, dort für einen Tag das Thema »Agile Softwareentwicklung mit Scrum« vorzustellen, hatten wir uns sehr gefreut, endlich mal wieder etwas gemeinsam im beruflichen Umfeld zu machen.

Wir beide hatten zu dem Zeitpunkt schon genügend Trainings absolviert, sodass die inhaltliche Vorbereitung sehr zügig verlief. Das Zusammenspiel zwischen uns hatten wir abgestimmt und die Auswahl an Übungen war schnell gefunden. Zentrales Element war die LEGO-City-Simulation[5], damit so die Studierenden die verschiedenen Elemente und Prinzipien von Scrum selbst erfahren konnten.

Uns war bekannt, dass es sich hier um frühe Semesterteilnehmende handelte, die zwar schon etwas Programmiererfahrung hatten, aber noch nicht in studieneigenen Projekten unterwegs waren. Daher waren wir auch nicht überrascht, als bei der am Anfang wichtigen Fragerunde »Was wollt ihr von diesem Seminar mitnehmen?« ausschließlich Erwartungen wie z.B.: »Grundlagen der Methode kennenlernen«, »Die Rollen verstehen« etc. genannt wurden. Da hatten wir bei Seminargruppen mit Berufspraxis schon tiefergehende Fragen kennengelernt.

Das Seminar verlief dann insgesamt sehr reibungslos, um nicht zu sagen, sogar zu reibungslos. Sämtliche Zeiten, die wir für die jeweiligen Reflexionseinheiten der Übungen oder Theoriemodule eingeplant hatten, wurden nicht annähernd ausgereizt. Wir stießen auf viel Stille und mussten durch Nachfragen und fast schon rhetorisches Hinleiten, die Kernaspekte des jeweiligen Moduls den Studierenden »aus der Nase ziehen«. Es war nicht so, dass die Studierenden keine Lust hatten oder nicht an den Übungen teilnahmen. Im Gegenteil, wir sahen eine hohe Begeisterung und Einsatzbereitschaft. Dahingehend war das Seminar ein voller Erfolg. Aber es fehlte schlicht und ergreifend das Problembewusstsein für die Praxissituationen, denen die Scrum-Prinzipien einen Rahmen bieten. Der Bezug vom Seminar auf ihre persönliche Praxis war nicht gegeben. Das ist ver-

5. Mehr unter *agilegrowth.de/lego-scrum*.

gleichbar mit der Erfahrung aus der eigenen Schulzeit: »Wozu brauche ich …[6] überhaupt im späteren Leben?«

Unsere Erkenntnis in der Selbstreflexion im Nachgang war: Wenn man als Trainer schon am Anfang bei den Erwartungen der Teilnehmer, aber spätestens am Ende in Diskussion und Praxistransfer durch die aufkommenden Fragen nicht ein klein wenig in Schwitzen gerät, dann wird der Wert des Kurses für die Teilnehmer geringer ausfallen.

Für meine weitere Seminarpraxis konnte ich daraus folgendes Fazit ziehen:

Finde die Probleme heraus, die die Teilnehmer bereits hatten oder aktuell haben. Und stelle dann im Training an geeigneter Stelle dazu den Bezug her. Erst mit diesem Bezug kann ich den maximalen Wert des Trainingsinhalts für meine Kunden erreichen.[7]

---

6. Hier gerne ein beliebiges verhasstes Schulthema einsetzen.
7. In einem Folgeseminar mit Studierenden starteten wir entsprechend mit einer Aufgabe, die die Herausforderungen der Erstellung selbst trivial wirkender Produkte als Team fokussiert, um ihnen eine Referenzerfahrung zu ermöglichen, wo eigentlich Probleme in der Teamarbeit auftreten können. Unter anderem nutzen wir dazu die bekannte *Marshmallow Challenge*, über die du mehr erfährst unter *agilegrowth.de/marshmallow*.

5 Die Remote-Herausforderung: Onlinekurse im virtuellen Seminarraum halten

Die Digitalisierung der eigenen Arbeit als Agile Coach in virtuellen Teamworkshops hat die Corona-Pandemie nochmals drastisch beschleunigt. Hielten vor dieser Zeit meist nur jene Coaches Remote-Workshops, die mit verteilten Teams arbeiteten, waren plötzlich alle gezwungen, neue Lösungen für verteilte Nähe[1] zu finden.

Am 22. März 2020 einigten sich Bund und Länder in Deutschland auf eine umfassende »Beschränkung sozialer Kontakte«.

Zehn Tage nach dieser drastischen Einschränkung hielt ich meinen ersten dreitägigen Scrum-Kurs im virtuellen Trainingsraum. Vorher hatte ich einige Tage lang meinen Trainerleitfaden in einem elektronischen Werkzeug nachgebildet und entsprechendes Equipment aufgebaut. Es war recht ungewohnt, hatte aber die Chance, brauchbar zu klappen. Ein virtuelles Werkzeug erlaubte Kleingruppenarbeitsräume und ein digitales Whiteboard ersetzte Flipcharts und Moderationswände. Ich war nervös, aber guten Mutes für mein erstes mehrtägiges Live-Onlineseminar. Das Konzept ging auf, die Teilnehmer fanden es super. Ich war selbst überrascht, wie brauchbar die Ergebnisse waren. Zugegeben, die Aquarien-Simulation musste ich gegen eine digitale Variante des »Ball-Point-Game« austauschen, der Rest klappte »einfach so«.

1. Höre dazu gerne auch unsere Podcast-Folge #023: »Verteilte Teams starten – Wie Menschen auch remote zusammenfinden« unter *agilegrowth.de/remotearbeit*.

Abb. 5–1 Das kurzerhand zum Videostudio umfunktionierte Homeoffice eignete sich hervorragend für virtuelle Trainings. Dankenswerterweise besaßen wir noch das komplette Lichtequipment von Kais Zeit als Hobbyfotograf (das im Seminar so nicht benötigt wird, aber ein großartiges Licht macht).

In diesem Kapitel geht es nun also darum, welche Art von Anpassungen notwendig sind, um Trainingskonzepte im virtuellen Seminarraum überzeugend zu liefern.

Als eine kleine Warnung müssen wir allerdings dazu sagen, dass wir diese Art der Onlinetrainings erst zu Beginn der Corona-Pandemie in unsere Arbeit eingebaut haben. Obwohl wir vorher schon über Jahre mit verteilten Teams Scrum praktiziert haben und dies durchaus viele Remote-Facilitation-Situationen beinhaltet hat, sind wir nach wie vor nur eingeschränkt zu Freunden von digitalen Scrum-Workshops geworden.

Verstehe uns bitte richtig: Scrum-Workshops funktionieren digital und enden auch mit sehr zufriedenen Teilnehmern, die nach dem Seminar Dinge sagen wie: »Anfangs war ich skeptisch, ob das remote funktionieren kann, aber jetzt, wo ich es erlebt habe, bin ich froh um diese Erfahrung.«

Und es stimmt auch, dass es positive Aspekte beim digitalen Lernen gibt: Uns gefällt zum Beispiel, dass wir Reisekosten und Hotelaufenthalte reduzieren, was auch der Nachhaltigkeit dient. Auch das ortsunabhängige Lernen ist für manchen Teilnehmer viel wert. Unsere Familie sehen wir so noch mehr, die Arbeitsumgebung bleibt angenehm gleich.

Dass wir trotzdem keine echten Fans der digitalen Vermittlung von Wissen und Erfahrungen in Workshops und Seminaren sind, hat verschiedene Gründe. Der Mensch lernt als soziales Wesen vor allem über die Beziehungserfahrung mit anderen [Siegel 2012]. Einen Erlebnisraum aufzuspannen, in dem diese Erfahrungen für den Teilnehmer vollumfänglich wahrnehmbar werden, ist von Angesicht zu Angesicht deutlich einfacher als in jedem Remote-Setting. Schlussendlich gaukeln wir mit einem Bildschirm nach wie vor unserem Geist vor, dass unser Gegenüber zum Greifen nah ist – doch fehlen wichtige Sinneseindrücke wie Wärme, eine Ganzkörpersicht und jeder Geruch. Auch die Steuerung des eigenen Betrachtungswinkels ist nicht drin, denn jeder zeigt das Kamerabild, das er zeigen möchte (falls die Kamera überhaupt an ist).

Die kognitive Dissonanz und die kognitive Belastung der Teilnehmer in einer verteilten Umgebung sind durch diese Diskrepanz zwischen erwarteter und tatsächlicher Nähe viel höher. Bei allen digital moderierten Veranstaltungen können wir so deutlich weniger in Beziehung treten mit den Menschen, als es gut für ein echtes emotionales Lernen wäre.

Vergleiche dazu am besten einmal deine eigene Erfahrung: Worauf hast du (abseits einer Pandemie-Situation) intuitiv mehr Lust als Lernumgebung:

Drei Tage Seminar in einer lichtdurchfluteten Räumlichkeit mit gesunden Snacks und netten Menschen in einem alten Kloster oder drei Tage mit Headset auf vor deinem Computer sitzend und auf dem Bildschirm nur ein digitales Whiteboard? Welches Setting stresst dich und belastet deinen Körper, aus welchem kommst du vermutlich inspiriert und motiviert heraus? Entschuldige den plakativen Kontrast, unsere Wahl ist da klar.

In der Konsequenz heißt das, dass wir bei der Konzeption eines Onlinekurses als Trainer noch mehr darauf achten müssen, die Übungen so einfach zu gestalten, dass die Transferleistung der Teilnehmer nicht unter dem Beherrschen von allzu viel Technik und Tools begraben wird.

Wir sagen hier also nicht, dass es digital nicht funktioniert, aber wir sagen: Digital ist für die transformative Wirkung dieses Seminarkonzepts zuerst einmal nachteilig. Es kostet dich und deine Teilnehmer ein besonderes Maß an Achtsamkeit, um sich voll auf die eigene innere Reise einzulassen, da der psychologische Rahmen digital schwerer zu halten ist. Manchmal kann es diesen Preis wert sein.

5.1 Was online funktioniert und was nicht

Es gibt sehr viele Möglichkeiten, Seminare in einem virtuellen Trainingsraum zu halten. Von stark werkzeugbasierten und prozessgeführten Übungen zu freier Arbeit in Diskussionsgruppen ist alles machbar, sofern deine Teilnehmer ein Mindestmaß an Technik besitzen. Verschiedene Vorgehensweisen haben verschiedene Vor- und Nachteile. Schauen wir uns einige an.

5.1.1 Von Flipchart bis Prozessdesign

Miro, Mural, Stormboard, Google Jamboards, Zoom, Microsoft Teams, Bluejeans, Big Blue Button, Hangout, Slack, Houseparty, Cisco WebEx, Adobe Connect – wir haben viel in der internationalen Agile Community diskutiert, welches Tool jetzt das Mittel der Wahl ist. Alle haben ihre Vor- und Nachteile.

Während es die ausgefeiltesten Werkzeuge am Markt gibt, um Menschen online durch Inhalte und Verfahrensschritte zu leiten, empfanden wir diese zwar punktuell als praktisch und unumgänglich, zum Lernen aber oft eher hinderlich.

Versetze dich einmal in die Lage eines Seminarteilnehmers: Dieser ist häufig in der Situation, nicht nur Scrum und Agilität wenig zu kennen, sondern auch elektronische Werkzeuge und Remote-Kollaboration nicht »aus dem FF« zu beherrschen. Sicherlich hat die Corona-Pandemie für viele hier neue Kompetenzen beschert, weil es die einzige funktionierende Lösung war, (digital) zusammenzuarbeiten. Doch unsere Beobachtung ist: **Je umfangreicher das Werkzeug war und je IT-fremder die Seminarteilnehmer waren, umso mehr Probleme hatten wir, neben den Inhalten auch »die Technik« zu managen.**

Konkret heißt das für dich als Trainer, dass deine Teilnehmer einen Teil der mentalen Kapazität, die ihnen zur Verfügung steht, in die Technik investieren und nicht die gesamte Kapazität für das Lernen, die eigenen Empfindungen oder die Lerninhalte einsetzen.

Die Technik darf also gern so leichtgewichtig wie möglich sein und sollte den Teilnehmern nicht im Weg stehen. **Nach einigen Experimenten ist im Kern dabei herausgekommen, dass wir am liebsten das Equipment eines regulären Seminarraums spiegeln.** Die Anforderungen an unseren digitalen Kursraum sehen also entsprechend aus – und setzen dabei auf erstaunlich wenig Softwaretools:

- Wir benötigen eine Möglichkeit, Videos, Fotos und Folien anzuzeigen, um kurze Impulse »frontal« zu liefern.
- Die Teilnehmer müssen einen live von uns gezeichneten Inhalt samt uns als Trainer gleichzeitig im Bild sehen können.
- Es braucht sogenannte »Breakout-Räume«, um regelmäßige Kleingruppenarbeit in Lernteams durchzuführen.
- Es braucht Arbeitsflächen, die die Teilnehmerinnen in Kleingruppen gemeinsam bearbeiten und beschriften können.
- Es braucht einen Chat, um weiterführende Links, Übungsanleitungen oder Protokolle zu teilen.

Mit dieser recht überschaubaren Anzahl von technischen Anforderungen nehmen wir dich gerne mit, um unseren Aufbau zu erläutern.

5.1.2 Technik, die begeistert oder auch nicht

Als zwei verschiedene Trainertypen haben wir, Jasmine und Kai, etwas unterschiedliche Anforderungen und Vorlieben für die benötigte Technik eines Onlineseminars entwickelt, die wir jetzt gerne hier darstellen, damit du für dich eine passende Wahl treffen kannst.

Ich, Jasmine, verwende einen ziemlich minimalistischen Satz an Technologie, da ich als Psychologin deutlich lieber mit Menschen und menschlichen Systemen arbeite als mit technischen Herausforderungen. Sicherlich habe ich die IT-Branche nach viel Kontakt mit ihr kennen und lieben gelernt, doch vom Technologie-Know-how bin ich wohl eher ein »Microsoft Office on Speed«-Mensch, wie Kai sagen würde.

Meine Trainings halte ich online also mit einem PC mit Webcam und Headset. Als Werkzeuge reichen mir dabei eine Videokonferenzlösung mit Breakout-Räumen und ein Online-Kollaborationswerkzeug. Eine genaue Liste der von uns benutzten Tools und Werkzeuge haben wir für dich online hinterlegt[2], um diese besser aktualisieren zu können. Du weißt ja, wie schnell Technologie durch neue ersetzt wird. Und mit immer mehr Scrum-Teams, die wissen, was sie da tun, geht das vermutlich jetzt sogar noch zügiger (behaupten wir mit einem Augenzwinkern).

Die von mir benutzte Lösung hängt natürlich auch stark von den Gegebenheiten und Anforderungen meiner Kunden ab. Hier habe ich es als hilfreich erachtet, im Vorfeld mit meinen Kunden ganz genau deren Sicherheitsbestimmungen zu durchleuchten. Ich bevorzuge bei jedem Tool die einfachste Lösung, damit sowohl

2. Siehe *agilegrowth.de/tools.*

ich wie auch meine Teilnehmer sich auf das Training konzentrieren können und sich nicht um die Softwarelösung kümmern müssen.

Mittlerweile bin ich, Kai, mit meinem Equipment ziemlich durch die Decke gegangen, was wohl daran liegt, dass ich ein ziemlich technikaffiner Mensch bin. Mir hat es einfach Spaß gemacht, auszuloten, was digital machbar ist.

So habe ich das Studio einiger Onlineprofis modelliert und sowohl eine hohe Bild- wie auch Tonqualität samt großem Komfort für Teilnehmer und mich geschaffen, ohne dabei die Teilnehmenden mit höherer Komplexität zu belasten. Wenn du einen tieferen Einblick in mein aktuelles Remote-Setup erhalten möchten, findest du einen virtuellen Rundgang im Internet.[3]

5.1.3 Gesicht zeigen

Für uns ist die Arbeit in verteilten Teams im Coaching seit Jahren Praxis. Erst durch die Corona-Pandemie wurde uns bewusst, wie viele Menschen und Unternehmen es gibt, die kein eingeschaltetes Kamerabild in Videokonferenzen als Standard nutzen.

> Ich wurde im Juni 2020 wieder einen halben Tag für eine Retrospektivenmoderation von einem Bestandskunden gebucht. Während bisher immer Präsenztermine durchgeführt wurden, war es dieses Mal aus Infektionsschutzgründen nicht erwünscht. Im Team gab es seit Monaten einen schwelenden Konflikt, den ich jedes Mal in der Moderation spürte, aber bisher seitens des Teams nicht ansprechen durfte. Während ich wie gewohnt auch technisch gut vorbereitet war auf diesen Termin, überraschte mich, dass niemand außer mir sein Kamerabild auf dem Bildschirm des Videosystems teilte. Auf meine Nachfrage hin, erzählte mir mein Auftraggeber, der Teil der Runde war, dass im Konzern einfach zu wenig Bandbreite per VPN vorhanden sei, um Videofunktionen zu nutzen. Die dadurch für mich sehr herausfordernde Moderation machte ich gefühlt mit einem Sinnesorgan zu wenig. Ich hatte die Gruppe nicht im Blick. Ich konnte visuell nicht einschätzen: Wo stand die Gruppe genau? Wer spürte was? Wie meinte der Teilnehmer das genau? Ohne den emotionalen Hintergrund war die Sachebene nicht immer leicht zu entschlüsseln. Das große Rätselraten empfand ich als störend. Das Ergebnis der Retrospektive war entsprechend mau und ich war unzufrieden mit mir, dem Tag und der investierten Zeit aller.

3. Kais Equipment für Onlineseminare kannst du einsehen unter *agilegrowth.de/studiotour*.

Aus der Trainerperspektive ist ein fehlendes Videobild mehr als problematisch. Hört deine Teilnehmerin noch zu oder ist ihr ein Kaffee auf ihre Laptop-Tastatur gekippt, die sie gerade hektisch reinigt? Schreibt ein anderer parallel munter E-Mails oder geht er ein wenig online shoppen für den nächsten Urlaub? Programmiert sie schnell ein bisschen nebenbei oder fordert im Homeoffice ein Kind gerade die Aufmerksamkeit? Dank oft ebenfalls stummgeschalteten Mikrofonen der Teilnehmenden ist ein nahbarer Kontakt zum Lernenden hier schwer möglich, ein Erfühlen des Gegenübers nicht machbar. Für hochwertiges verteiltes Lernen kommen wir an einer Bildübertragung kaum vorbei.

Für Online-Zertifizierungstrainings konnten wir die Nutzung einer Kamera und eines Headsets bisher schlichtweg als Teilnahmevoraussetzungen etablieren, sodass dieser Rahmen zum Lernen einfach existiert. Solltest du Inhouse eine andere Situation vorfinden, so mag es sogar hilfreich sein, für die wenigen Tage oder Stunden deines Trainings aus privater Tasche ein digitales Kollaborationswerkzeug zu lizenzieren[4] und die Teilnehmer zur Not private Geräte nutzen zu lassen, falls diese existieren. Glücklicherweise haben aber mehr und mehr Unternehmen mittlerweile begriffen, dass hier Handlungsbedarf besteht. Wir drücken dir die Daumen, dass du siehst, mit wem du sprichst!

5.1.4 Netz mit doppeltem Boden

Ich fand bei der Recherche für mein Video-Equipment im März 2020 einen Hinweis darauf, dass eine unterbrechungsfreie Stromversorgung eine gute Anschaffung wäre. Da es sich um eine Anmerkung auf einer amerikanischen Liste handelte, dachte ich mir noch: »Naja gut, das ist für Amis bestimmt wichtig, aber wann war der letzte Stromausfall in Deutschland, der mein Internet oder meinen PC beeinträchtigt hat? Mir kam keine Erinnerung in den Sinn …« Mein erstes Onlinetraining hielt ich mit Björn Jensen zusammen. Vor und während des Seminars stimmten wir uns immer wieder ab, wer welchen Inhaltsblock liefern würde. Während Björn gerade dabei war, über die Eignung von Scrum zu sprechen, fror sein Kamerabild ein und der Ton wurde stumm. Er war weg. Ich übernahm in aller Kürze seinen roten Faden und lieferte den Inhalt weiter. Als Björn auch nach Minuten nicht wieder online erschien, begann ich mir Sorgen zu machen. Nach

4. Wir wissen, dass das für viele ein Graus ist, privates Geld für sein Unternehmen in die Hand zu nehmen. Sieh es einmal so: Du kannst dich zwei Tage lang über eine nervige Umgebung ärgern oder einmalig 12 Euro ausgeben, um ein brauchbares Umfeld zu schaffen. Vielleicht kannst du die Ausgabe unter »persönlicher Ausgeglichenheit und Wellness« in deinem Haushaltsbuch unterbringen, sofern sie wirklich nur selten vorkommt.

einer gefühlten Ewigkeit rief ich ihn in einer kurzen Arbeitsphase der Teilnehmer an. Ein Baggerfahrer hatte bei Bauarbeiten vor seinem Haus aus Versehen die Stromversorgung gekappt. Internet und Haushaltsstrom waren voraussichtlich die nächsten zwei Stunden nicht verfügbar.

Redundanz war schon immer eine gute Idee, um Zuverlässigkeit zu gewährleisten. Unser Körper nutzt zwei Augen, zwei Hände, zwei Herzklappen, zwei Lungenflügel, um eine evolutionär bemerkenswerte Robustheit zu bieten. In Flugzeugen verwenden wir entkoppelte IT-Systeme, die sich gegenseitig bei einem Ausfall ersetzen können. Welche Redundanzen braucht ein digitales Training?

In erster Linie hängt das Maß an Redundanz bei einem Live-Onlinetraining davon ab, welche Servicequalität du sicherstellen magst.

Ein amerikanischer Scrum-Trainer-Kollege verlor letztens während eines Sturms seine Internetverbindung längerfristig. Immerhin konnte er mit den Teilnehmern seines Kurses noch eine Verschiebung des zweiten Seminartags telefonisch vereinbaren.

Als guten Standard bevorzugen wir es, Onlinetrainings wenn möglich mit zwei Trainern durchzuführen. Alternativ hilft es auch, eine zweite Internetverbindung verfügbar zu haben. Viele Smartphones ermöglichen mittlerweile Videostreaming in hoher Qualität. So kann solch ein Gerät mit den passenden vorinstallierten Anwendungen zur Überbrückung eines Ausfalls dienen. Hilfreich neben dem Smartphone ist eine Highspeed-Flatrate samt großer Powerbank, um sowohl Internet als auch Strom in ausreichendem Maß zur Verfügung zu haben. Wir sind da pragmatisch: Besser ein Trainer, der eloquent spannende Geschichten aus seinen Scrum-Teams am Smartphone erzählt, als gar kein Bild und Ton.

Wichtig ist uns an dieser Stelle, dir mitzugeben, sich auf mögliche Störungen schon im Voraus gut einzustellen. Uns hilft es immer, einen »Plan B« griffbereit zu haben. Damit können wir im Fall des Falles adäquat reagieren, aber auch einfach beruhigter in das Training hineingehen. Wir haben uns eine Liste möglicher digitaler Katastrophen ausgedacht und für jeden Fall einen kleinen Alternativweg zurechtgelegt.

5.1.5 Fast alles ist machbar
Ein Gastbeitrag von Marc Bleß[5]

Einer Fragestellung begegne ich immer wieder: »Wie bringen wir agile Spiele und Simulationen in die Onlinewelt?« Meine Antwort darauf lautet ganz pragmatisch: »Fast alles ist machbar!«

Sehr viele Aktivitäten aus dem Offlinetraining können wir ohne Schwierigkeiten direkt online umsetzen. Gruppenbildung, Opener, kommunikative Spiele, die Vermittlung von agilen Prinzipien sowie etliche Simulationen existieren mittlerweile in sehr gut funktionierenden Onlinevarianten. Hier war die agile Community seit dem Ausbruch der Corona-Pandemie sehr aktiv. Regelmäßiger Austausch auf virtuellen Konferenzen und User Groups findet statt und es entstehen immer wieder neue Varianten, die sich in Trainings und Workshops einsetzen lassen.

Dennoch ist Vorsicht geboten, denn nicht alle Spiele und Simulationen lassen sich ohne Weiteres online umsetzen. Hin und wieder versuchen sich Leute daran, die Mechanik eines Spiels eins zu eins auf einem virtuellen Whiteboard abzubilden, und verkünden dann die Verfügbarkeit einer Onlineumsetzung. Auf den ersten Blick sieht das Ganze auch gut aus. Jedoch stelle ich dann oft fest, dass die eigentliche Zielsetzung – der Sinn und Zweck des ursprünglichen Spiels – nicht mehr erreicht wird. In erster Linie trifft dies auf Spiele zu, die auf intensiver physischer Interaktion beruhen. Es ist einfach nicht hilfreich, die virtuell abgebildeten Karten von beispielsweise »Happy Salmon« zwischen virtuellen Spielern auf einem virtuellen Whiteboard hin- und herzuschieben. Bei diesem Kartenspiel klatschen sich Teilnehmende mit gerade gleichen Motiven auf ihrem Kartenstapel schnell mit begleitenden Gesten ab. Ein intensives und sehr kurzweiliges Geschehen also. Die notwendige Dynamik und der durch die Bewegung entstehende Kreislaufschub können also digital so nicht entstehen und somit verkommt dieser aktivierende Energizer in der Onlinevariante zur sinnfreien Zeitverschwendung.

Auch die in Trainings beliebten Klassiker »Ball Point Game« und »Marshmallow Challenge« verlieren online ihre beabsichtigte Lernerfahrung und damit ihren Zweck.

5. Unseren Gastautor Marc Bleß lernst du persönlich kennen in unserem Live-Interview unter *agilegrowth.de/verantwortung* oder auf seiner Webseite unter *agilecoach.de*.

Hier gilt es, kreativ zu werden und sich dem Thema der Spieleentwicklung zu widmen:

- Welche Lerninhalte möchte ich mit einem Spiel in meinem Onlinetraining vermitteln?
- Welche bestehenden Spiele und Simulationen bilden diese Lerninhalte bereits gut genug in einer Onlinevariante ab?
- Welche Spielelemente muss ich noch hinzufügen bzw. entfernen, um die gewünschten Lerninhalte fokussiert zu vermitteln?

Diese Fragen führen zu funktionierenden Onlinealternativen und oft haben diese mit der ursprünglichen Offlinesimulation gar nichts mehr zu tun. Ein schönes Beispiel ist »Das Haus vom Nikolaus«[6] von Ralf Kruse, der damit eine virtuelle Alternative zum »Ball Point Game« gefunden hat.

Auf was kommt es konkret noch bei der Umsetzung an, wenn wir dann eine geeignete Onlineaktivität für unser Training gefunden haben?

- Die Technik muss für mich als Onlinetrainer immer funktionieren und ich muss sie beherrschen. Ich muss die eingesetzten Tools so gut kennen, dass ich mit jeder Situation im Training gut umgehen kann. Die möglichen Fallstricke für meine Teilnehmer müssen mir ebenso bekannt sein wie deren schnelle Lösungen. Dabei hilft wiederholte Arbeit mit den gewählten Werkzeugen vor, im und nach dem Seminar.
- Die Technik muss für die Teilnehmer immer funktionieren und das möchte ich idealerweise im Vorfeld des Trainings sicherstellen. Es gibt nichts Zeitaufwendigeres, als während des Trainings festzustellen, dass ein Teilnehmer wegen einer zu alten Browserversion keinen Zugriff auf das virtuelle Whiteboard bekommt. Oder eine Teilnehmerin auf ihrem Smartphone die geteilten Dokumente überhaupt nicht lesen kann und es nicht schafft, Breakout-Räume zu betreten. Oder ein Teilnehmer sein Mikrofon nicht aktiviert bekommt und stumm bleibt. Diese und ähnliche Hindernisse können bis zur Beseitigung gerne mal 30–60 Minuten in Anspruch nehmen und es ist auch schon passiert, dass sie im Augenblick gar nicht gelöst werden konnten. Einen Teilnehmer dann vom Training auszuschließen, ist die schlechteste Option.

6. Siehe *https://enablechange.de/remote-scrum-simulation-haus-vom-nikolaus-spiel/* und *agilegrowth.de/hausvomnikolaus*.

Deswegen mein Tipp: einen Technikcheck mit den Teilnehmern bereits einige Tage vor dem Training durchführen. So sparen sich alle Frustration und Nerven und wir beginnen den Kurs mit einem gelungenen Start statt mit gelangweiltem bis hektischem Warten auf die gefundene technische Lösung.

Ich bleibe bei meinem Credo: »Fast alles ist online machbar« und gebe als Fazit mit: »Sei immer gut vorbereitet – auch darauf, deinen Plan jederzeit anpassen zu können!«

5.1.6 Online braucht mehr Regeln

Auch wenn wir bereits kurz darauf eingegangen sind, möchten wir dies hier noch mal explizit klarstellen: Onlinetrainings benötigen von uns als Seminarleiterin mehr Struktur, aber auch mehr Regeln für die Teilnehmer.

Anders als beim Präsenztraining stellen wir bei seinem digitalen Pendant mehr konkrete Regeln für die Zusammenarbeit auf und suchen hier aktiv die Zustimmung der Teilnehmer.

Wie bereits erwähnt ist es für uns unumgänglich, die Gesichter der Teilnehmenden während des Seminars zu sehen, und insofern steht für uns die Regel fest, diese nur mit Kamera dabei zu haben.

Wir besprechen auch mit den Teilnehmern, wie wichtig es ist, dass die gesamte Gruppe fokussiert bei der Sache ist. Das bedeutet im Konkreten, dass wir die Teilnehmer bitten, ihr E-Mail-Programm und ihre Team-Chaträume auf dem PC ganz zu schließen und auch ihre Handys auf den Nachtmodus zu stellen.

Im Gegenzug behandeln wir die Pausen für ein Onlinetraining rigider. Wir machen nach 90 Minuten konsequent 20 Minuten Pause und mittags eine Mittagspause von einer bis eineinhalb Stunden. Hier ist zu beachten, dass die Teilnehmer meist noch ihr Essen zubereiten müssen, wodurch Zeit für die eigentliche Erholung abgeht. Um ein wenig soziales Miteinander während der Pausen zu ermöglichen, bieten wir oft in einem separaten Breakout-Room eine virtuelle Kaffeeecke an, in der sich Teilnehmer selbstständig treffen können.

Was wir auch überdenken können bei einem Onlinetraining sind die Trainingszeiten per se. Wir selbst haben gute Erfahrungen mit ganztägigen Trainings gemacht, wenn die Pausenregelung beachtet wird.

Es gibt aber durchaus Kollegen, die andere Varianten als Seminarkonzepte anbieten, oft halbtägige Modelle. Diese sind etwas leichter zu verdauen und passen gegebenenfalls auch eher zu der ein oder anderen Homeoffice-Situation.

Wir haben uns gezielt gegen halbtägige Formate entschieden, weil wir erleben, dass es Teilnehmern eines Seminars guttut, aus dem Arbeitsalltag völlig auszubrechen. Das komplette Eintauchen in die neue Materie hilft dabei, tiefer einzusteigen, um danach den Transfer einfacher zu realisieren. So wird der Kurs zum Tagesinhalt und nicht zum Begleitwerk.

5.2 Digital gut aussehen, klingen und wirken

»Die ganze Welt ist Bühne und alle Fraun und Männer blosse Spieler«, wusste vor gut 400 Jahren schon William Shakespeare.

Durch virtuelle Trainings verschiebt sich ein Teil unserer Arbeit dahin, auf digitalen Bühnen zu stehen.

Unsere Übungen erscheinen auf elektronischen Whiteboards und wir prägen die Atmosphäre und die Aktivitäten, doch die Umgebung unserer Lernenden kann durch uns nicht wie in einem Seminarraum gestaltet werden.

So darf nun also ein guter Fokus auf dem liegen, was beeinflussbar ist: unsere Wirkung nach außen. Sie hängt direkt von Bild, Ton und unserem Verhalten vor der Kamera ab. Auf den folgenden Seiten geht es um die kleinen Kniffe, die unsere didaktische Darbietung ins rechte Licht rücken.

5.2.1 Fotografieren ist Malen mit Licht

Diesem Ausspruch begegnete ich, Kai, in meiner Zeit als Amateurfotograf, als ich mich während meines Studiums gelegentlich an Modefotografie versuchte. Ich höre jetzt noch beim Gedanken daran die quäckend-piepsige Bestätigung aller Funksender, die die Lichtboxen von sich gaben, wenn man den Auslöser der Kamera drückte. Um ein Bild zu gestalten, war der Schlüssel – abseits des Modells natürlich – immer die Wahl der richtigen Beleuchtung. Wo stehen welche Lichtquellen? Mit welcher Intensität und Lichtfarbe lösen sie aus? Welche Schatten sollen wo erscheinen?

Auch wenn Studiofotografie und die Voraussetzungen für digitale Scrum-Workshops doch recht stark voneinander differieren, so geht es auch hier darum, ein Bild zu komponieren, das dich als Trainerin klar in Szene setzt.

In Bezug auf Licht haben wir zwei grundlegende Optionen: die Arbeit mit Kunstlicht oder die Nutzung von natürlichem Licht.

Natürliches Licht ist recht praktisch, da es erst mal keine Gerätschaften dafür braucht und auch der Farbton des Lichts angenehm gewohnt auf uns wirkt. Bei der Arbeit mit natürlichem Licht ist allerdings unsere Position in Bezug auf das einfallende Licht entscheidend: Sitze ich seitlich zum Fenster, treffen mich Sonnenstrahlen direkt oder habe ich die Glasscheiben hinter meinem Rücken?

Hier gilt es vor allen Dingen, zu experimentieren, wann mein Gesicht vor der Kamera am besten hervorsticht und keine harten Schlagschatten aufweist. Inspektion und Adaption sind hier unser Freund. Da Tageslicht sich über den Verlauf des Tages auch noch in seiner Qualität verändert, kann es darüber hinaus auch gelegentliche Korrekturen unserer Position benötigen.

Unterm Strich kann man sagen: Natürliches Licht funktioniert in hellen Büros oder Gebäuden über den Sommer hinweg ausreichend gut für digitale Workshops, doch spätestens, wenn die Sonne untergeht oder ein dunkles Gewitter über deinem Homeoffice hängt, hast du ein Problem – und es kommt doch künstliches Licht zum Einsatz.

Wir haben uns daher dafür entschieden, immer mit Kunstlicht zu arbeiten, um jederzeit ein verlässliches, gleich aussehendes Bild zu erhalten. Hier kannst du selbstredend mit einem Aufbau mit mehreren Lichtquellen arbeiten, der entsprechend komplex ist, oder eine Minimalausstattung wählen.

Als essenziell haben wir ein sogenanntes »Ringlicht« erlebt, das eine hinreichende Ausleuchtung des Gesichts und Oberkörpers erzeugt und gleichzeitig einen Reflex in unseren Augen ergibt. Diese Spiegelung in den Pupillen sorgt dafür, dass uns unser Gegenüber als lebhaft wahrnimmt. Fehlt sie, wirkt ein Blick oft leer und dumpf.

Wer einen erweiterten Aufbau sucht, findet eine Anregung in unserem Studioaufbau[7] für unsere wöchentliche Live-Interview-Show. Hier haben wir uns für insgesamt fünf Weißlicht-Lichtquellen entschieden sowie zwei Ambiente-Lichter im Hintergrund, um uns in Szene zu setzen. Inwieweit sich solch ein Aufbau übertragen lässt, hängt unserer Erfahrung nach allerdings sehr von den konkreten räumlichen Gegebenheiten ab. Es hat schon einiges an Arbeit gekostet, alles so einzurichten, dass es korrekt funktionierte, dafür erzeugt es allerdings auch konstant ideale Ergebnisse. In den meisten Fällen darf es deutlich weniger Perfektion sein, um ein gutes Resultat zu erzielen.

7. Siehe *agilegrowth.de/studiotour.*

Abb. 5-2 Das Ergebnis einer aufwendigeren Kunstlichtszene, die unabhängig von Außenbedingungen identische Resultate bringt.

5.2.2 Das richtige Kamerabild zusammenstellen

Für eine gelungene ästhetische Komposition gibt es zwei einfache Grundkonzepte, die ein Bild für den Betrachter angenehm erscheinen lassen, die recht leicht umzusetzen sind.

Als Erstes achten wir bei unserem Videobild darauf, dass der Abstand vom Kopf zum oberen Bildrand relativ gering ist. Ein wenig Raum ist gut, zu viel lässt den Menschen deplatziert und »verloren im Bild« wirken. Dieses »Headroom« genannte Konzept entwickelte sich schon in der Portraitmalerei des 18. Jahrhunderts. **Die Daumenregel dabei ist, dass die Augen der abgebildeten Person auf einem Drittel der vertikalen Gesamthöhe des Bildes liegen sollten, damit wir es als harmonisch wahrnehmen.** In Abbildung 5–2 trifft dies genau auf Jasmines Augen zu. Sie ist ideal positioniert, ich, Kai, habe meinen Sitzhocker etwas zu hoch eingestellt.

Der andere Aspekt einer Bildgestaltung nennt sich »Drittel-Regel« [Quedenbaum 2019] und kommt dem gerade besprochenen Konzept des »Headroom« angenehm nahe. **Bei der Drittel-Regel wird das Bild gedanklich in neun Teile geschnitten. Durch das Bild zieht man dazu zwei waagerechte und zwei senkrechte Linien, sodass alle neun Teile gleich groß sind.** Für die Ausrichtung des primären Motivs wählt man nun einen der Schnittpunkte im Bild. Auch hier läuft in Abbildung 5–2 die vertikale Achse ideal durch unsere Körper, Jasmines Kopf liegt wieder ideal auf dem Schnittpunkt der horizontalen und vertikalen Drittel-Linien.

Natürlich bewegt man sich während eines Seminars immer wieder, sodass man gelegentlich außerhalb dieser Linien agiert. Die Ausgangsposition darf aber gerne diese beiden Konzepte realisieren.

5.2.3 Hörbar guten Klang verwenden

Ton in Videoübertragungen ist wichtiger als das Bild, denn Ton überträgt stärker unsere Emotionen. Unsere Empfindlichkeit ist beim Hören schlicht höher als beim Sehen. Das weiß auch Hollywood und unterlegt jegliche Schlüsselszenen in Filmen mit eigens komponierter dramaturgischer Musik. Dieses Phänomen mag biologisch damit zusammenhängen, dass wir unsere Ohren nicht schließen können, unsere Augen dagegen schon. Unsere Ohren sind damit immer auf Empfang eingestellt, unsere Augen dürfen auch mal ruhen.

Vermutlich haben wir auch deswegen seit ca. 1876 telefoniert, statt uns in pantomimisch wirkenden Videos ohne Klang zuzuschauen. Auch wenn diese Entwicklung der Telefonie natürlich mehr mit der Datenübertragungsgeschwindigkeit der Signale zu tun hatte, so ist ein einwandfreier Klang für unsere Seminare dennoch deutlich wichtiger als das perfekte Bild.

Erfreulicherweise verfügen wir mittlerweile über so viele bezahlbare Optionen für Videokonferenzsoftware, dass du hier sicher eine für dich passende finden wirst. Hierbei wirkt sich vor allen Dingen die Wahl des Mikrofons und die Akustik des Raums aus, in dem du üblicherweise sitzt.

Ein eingebautes PC- oder Laptop-Mikrofon kann auch funktionieren, wenn deine Videokonferenzsoftware eine eingebaute Feedback-Unterdrückung hat und dein Büro viele Objekte besitzt, die »Klang schlucken«. Als wir den Scrum Guide 2020 als Hörbuch in deutscher Sprache[8] eingesprochen haben, stand das Mikrofon direkt an einer geöffneten Kleiderschranktüre im Homeoffice in einem voll möblierten Raum.

Pauschal kann man sagen: **Je leerer ein Raum ist und je mehr glatte Flächen er hat, umso mehr Echo hören deine Teilnehmenden.** Auch wenn ein wenig Echo uns ein Gefühl einer Raumgröße übermittelt, so ist für die Verständlichkeit ein möglichst trockener, echofreier Klang besser. Solltest du also Pflanzen oder einen Wäscheständer zur Verfügung haben oder Schranktüren öffnen können, kann das helfen, dass du mit einem eingebauten Mikrofon besser klingst.

Doch die wohl einfachste Variante, zu einem guten Klang zu kommen, ist der Einsatz eines Headsets. Dieses greift deine Sprache durch ein Mikrofon direkt in

8. Du findest ihn zum Download unter *agilegrowth.de/audiobook*.

der Nähe zu deinem Mund ab. So spielt der Raumklang eine untergeordnete Rolle und du arbeitest mit einer angenehmen Einheit aus Kopfhörer und Mikrofon.

Wer eher ein lauteres Umfeld um sich herum hat, der möchte vielleicht ein wenig in die technische Trickkiste greifen. Die Investition in ein hochwertiges Headset mit Hintergrundgeräusch-Unterdrückung macht sich dann im Ergebnis schnell bezahlt, auch wenn das Gerät sogar einige Hundert Euro kosten mag.

Durch automatische Geräuschunterdrückung (Active Noise Cancellation – ANC) werden je nach Modell für dich und dein Gegenüber alle Störgeräusche ausgeblendet, die euch vom Wesentlichen ablenken – leider im Homeoffice allerdings auch die vom Postboten und deiner Klingel. Wir waren schon öfters bei den Nachbarn Pakete einsammeln, weil wir die Klingel dann nicht hörten. Auch eine Art, den Scrum-Wert Fokus zu leben.

Solltest du gerne an einem echten Flipchart in deinem Büro stehen, während du Themen vermittelst, bietet sich ferner an, ein Headset ohne oder mit recht langem Kabel zu erwerben, damit du auch die notwendige Bewegungsfreiheit hast.

5.2.4 Gestik, Mimik und Energie wählen

Vor der Kamera braucht es mehr von allem. Es scheint ein wenig so, als ob die Tatsache, dass wir mit einer kleinen Linse einer Kamera kommunizieren, ein gefräßiges Loch im Kommunikationskosmos öffnen würde.

Streng genommen profitieren wir auch im Seminarraum davon, uns exzessiver durch Gestik, Mimik und mit hoher Energie zu bewegen und uns gefühlt »übertrieben« auszudrücken. Doch bei unserem digitalen Gegenüber braucht es auch hier nochmals ein besonderes Maß an Achtsamkeit, denn wir spüren wenig von der lebhaften oder gelangweilten Resonanz unseres Gegenübers.

Wenn du durch Emotionen überzeugen willst oder auch nur irgendwie leidenschaftlich in deiner Sache wirken willst, darf es also etwas mehr sein. Die gewohnte Mimik und Gestik reichen häufig einfach nicht aus und so findet man sich als Trainer anfangs ein wenig in der Position, zu übertrieben darzustellen.

Abb. 5–3 Jasmine bei der Erklärung eines Konsensverfahrens für Gruppen. Du kannst einen kurzen Videoausschnitt dazu sehen unter *https://agilegrowth.de/diamant.*

Wir ziehen gedanklich einfach 20–30 % unserer Körpersprache für unser Gegenüber ab – wir nennen das den »Onlinebonus«. So erhältst du ein Gefühl dafür, wie viel an Übertreibung du auf deine übliche Art, zu kommunizieren, hinzufügen darfst. Nach einer Weile integriert sich diese Art des Sprechens mit Händen, Körper und Gesicht und wird zu deinem gewohnten »Remote-Kamera-Ich«.

6 Teamspezifische Workshopformate im Coaching nutzen

Auch wenn der Fokus dieses Buchs vorwiegend auf mehrtägigen Lernreisen liegt, so nutzen wir in der Praxis natürlich auch immer wieder kürzere Workshopinterventionen. Ob du dir diese wie ein Minitraining vorstellst oder es in deinem Kopf eher eine Coaching-Intervention darstellt, ist dabei wohl eher eine Frage der persönlichen Haltung dazu.

Wir trennen gedanklich das eine vom anderen abhängig davon, wie viel Neues an Konzepten, Fähigkeiten und Modellen erlernt werden soll. Der Workshop für ein Scrum-Team, das zum siebzehnten Mal eine Backlog-Refinement-Session macht, wird wohl in unserem Verständnis eher einen Coaching-Charakter haben, außer wir führen eine neue Methodik oder ein neues Format ein.

Gerade bei der Einführung agiler Methoden oder auch der Optimierung eines bestehenden Systems ist ein Fundus an gut aufgebauten und erprobten Lernmodulen hilfreich, um kurzfristig ein benötigtes Element von Scrum oder andere Aspekte des Rahmenwerks ins Leben zu rufen.

Unsere erste Empfehlung an dieser Stelle ist, die voranstehenden Module des mehrtägigen Seminars auch isoliert einzusetzen, um ein bestimmtes Thema zu transportieren. Wir tun dies regelmäßig. Dabei zerstückeln wir das mehrtägige Konzept in viele einzelne Coaching-Sessions, die wir einzeln und in der Haltung eines Trainers über einige Wochen ausführen. So lernt ein Team alles Essenzielle und wächst mit ein wenig mehr individuellem und stückweisem Transfer in den eigenen Arbeitskontext.

Im Laufe der Zeit bauten wir uns als Agile Coaches so unseren Methodenkoffer auf, um auf bestimmte Herausforderungen eines Teams oder einer Organisation zu reagieren. Als Beispiele dafür, was ein solcher Methodenkoffer noch enthalten kann, haben wir hier vier weitere Workshopkonzepte angefügt, die dich inspirieren sollen, wie du Module als teamspezifisches Workshopformat nutzen kannst.

Diese Konzepte haben wir **in einem separaten Teamworkshop-Leitfaden abgelegt**, den du zur schnellen Referenz ebenfalls als einen Bonus zum Buch herunterladen kannst.[1]

In diesem Kapitel geht es nun also exemplarisch um **vier kurze Interventionen, die wir gerne in Beratungsaufträgen einsetzen**, um Agilität ins Leben zu rufen.

6.1 Der »User Story Writing«-Workshop

User Stories sind kein Bestandteil von Scrum. Wer im Scrum Guide danach sucht, der findet keine Referenz zu diesem Format. Und trotzdem nutzen wir in der Arbeit mit agilen Methoden gerne diese Art und Weise, Anforderungen zu formulieren, da es die Denkweise von agiler Produktentwicklung betont.

Um den Workshopteilnehmern beizubringen, wie genau sie dieses Format einsetzen, um Stakeholder-Wünsche als eine Art schlagwortartige Anforderungen zu verfassen, vermitteln wir erst kurz das Konzept der User Stories, bevor wir dann konkret eigene User Stories schreiben.

»USER STORY WRITING«-WORKSHOP — 90′ — WORKSHOP — **DIE ANFORDERUNGEN FÜR EIN PRODUKT INITIAL BRAINSTORMEN**

An Vorwissen anknüpfen (5′)

»Wer hat den Begriff *User Story* schon einmal gehört?«

Auf einem leeren Flipchart mit den Teilnehmern durch Zurufen eine Mindmap visualisieren:

Was wisst ihr schon zu User Stories?

Das Konzept von User Stories vermitteln (10′)

- User Stories sind **natürlichsprachliche Sätze**
- Ein **Muster** von Connextra, R. Davies (2001), bekannt durch Mike Cohn in »User Stories Applied«
- Als [Benutzer], möchte ich [Funktionalität] um [Nutzen] | Was ist nicht drin? > Das **WIE**!
- **Die »3C«**
  - **Card** (»Sie passen auf eine Karteikarte«)
  - **Conversation** (»Versprechen über ein Gespräch«)
  - **Confirmation** (»Akzeptanzkriterien«)

User Stories schreiben mit Zwischenfeedback (65′)

- Der Product Owner wiederholt die **Vision** und das aktuelle **Produktziel** (10′)
- Alle Teilnehmenden **schreiben** in Tischgruppen von 5–8 Leuten **User Stories zum Produktziel** (10′)
- Ein bis zwei User Stories laut vorlesen – Diskutieren: **Sind das brauchbare User Stories**? (15′)
- Eine weitere Runde **Anforderungen** an das Produkt **brainstormen** in Tischgruppen (10′)
- Mit kurzer Erklärung **in ein gemeinsames Product Backlog** bringen, **Duplikate** bereinigen (20′)

Nächste Schritte definieren (10′)

- Das bisherige Ergebnis als Gruppe mit ein wenig mehr Abstand betrachten: Wie viel Refinement erlauben wir uns noch, bis wir mit der **Umsetzung** der ersten Ideen beginnen wollen?
- User Story Writing als gemeinsame **Scrum-Team-Verantwortung** im Rahmen des **Product Backlog Refinement** etablieren: Regeltermin mit dem Team vereinbaren

3

Abb. 6–1 Seite 3 des Teamworkshop-Leitfadens: »User Story Writing«-Workshop

1. Du findest die aktuelle Fassung des Teamworkshop-Leitfadens immer unter *agilegrowth.de/workshop-leitfaden*.

6.1.1 An Vorwissen anknüpfen

Doch vorher knüpfen wir im gewohnten Stil beim Vorwissen unserer Workshopteilnehmer an. Wir fragen dazu alle Anwesenden, was sie bereits über User Stories wissen. Je nach Tiefe der Vorerfahrung kommen hier in der Regel erste Ideen auf, die teils schon an unsere Hauptlerninhalte zu diesem Format anknüpfen. Jeder genannte Impuls wird dabei durch uns an einem Flipchart visualisiert, um der Gruppe Wertschätzung entgegenzubringen und ein sichtbares Ergebnis des Konzepts aus den einzelnen Stücken zu erzeugen.

6.1.2 Das Konzept von User Stories vermitteln

Das durch die »3C« charakterisierte System der User Stories betont die dialogorientierte Produktentwicklung (»Conversation«), lässt Spielraum für Kreativität (»Card«) und ermöglicht doch das Abhaken von Fortschritt durch Akzeptanzkriterien (»Confirmation«) zu jedem Element. Ein kurzer Hinweis zu Herkunft und weiteren Quellen rundet den pragmatischen Wissensblock ab.

6.1.3 User Stories schreiben mit Zwischenfeedback

Wir sind große Freunde davon, Dinge beim Tun zu lernen. Reflexionen zwischendurch helfen dabei, eventuelle Missverständnisse auszuräumen und fehlendes Wissen zu ergänzen, sofern dies notwendig sein sollte, ohne zu viele Arbeitsinhalte für die Mülltonne zu produzieren.

Als Rahmen für die jetzt zu formulierenden User Stories hilft uns die erneute Vermittlung der Produktvision und des aktuellen Produktziels. Beides sollte den Teilnehmenden also an dieser Stelle schon hinreichend klar sein, damit es einen sinnvollen mentalen Korridor zur Kreation brauchbarer Product-Backlog-Einträge gibt.

Mit einem groben ersten Verständnis von User Stories schreiben die Anwesenden ihre Anforderungen auf, die dazu dienen, das Produktziel zu erreichen.

Nach einer kurzen ersten Arbeitsphase halten wir gemeinsam inne, um herauszufinden, ob die Art und Weise, wie wir gerade Ideen aufschreiben, auch einen Sinn ergibt. Am Beispiel von ein oder zwei User Stories gehen wir kurz durch, ob wir als Entwicklerinnen im Scrum-Team auf diese Weise arbeiten können. Falls das Format so funktioniert, setzen wir den »User Story Writing«-Workshop fort, andernfalls steuern wir durch weitere Wissensvermittlung für eine bessere Formulierung als Agile Coaches nach.

Nach einer weiteren, längeren Phase des Brainstormings sammeln wir nun gemeinsam die Kleingruppenergebnisse in einem physikalischen Product Backlog. Dabei erläutert jeder kurz seine Backlog-Einträge, um eventuelle Muster, fehlende Themen und Duplikate zu identifizieren.

6.1.4 Nächste Schritte definieren

Streng genommen ist unser »User Story Writing«-Workshop nur eine Version des in Scrum als Aktivität vorgesehenen Product Backlog Refinement.

Zum Transfer des gerade Erlebten gehört also, diese Tätigkeit als neue Normalität unseres Scrum-Teams zu verankern.

Dazu konfrontieren wir unser Team erst mal mit der Erkenntnis, dass wir vermutlich auch mit einem relativ unfertigen Product Backlog bereits loslegen können. Wir fragen in die Runde hinein, ob alle sich gut damit fühlen, auf dieser Basis einen ersten Sprint durchzuführen.

Meist zeichnet sich hier die Tendenz ab, dass man gerne noch mehr Arbeit in die Anforderungen stecken würde. Die Zeit, diese Tätigkeit im Rahmen des Product Backlog Refinement in einen Regeltermin oder in eine Workshopserie einfließen zu lassen, ergibt sich aus der Notwendigkeit des Erlebten.

6.2 Der »User Story Splitting«-Workshop

Agil arbeitende Teams sind in der Regel damit konfrontiert, Anforderungspakete, die zu groß geschnürt sind, in kleine Elemente zerlegen zu müssen. Nur dann können wir uns als Teams auf die Lieferung des maximalen Werts mit minimalem Aufwand konzentrieren. Das Agile Manifest würde dieses Vorgehen als »die Kunst, die nicht getane Arbeit zu maximieren« bezeichnen.

Dennoch fällt es gerade unerfahrenen Teams schwer, zu einer Denkweise zu gelangen, die sich von technischen Betrachtungen löst und den Nutzen in Teillieferungen strukturiert, was durchaus verständlich ist, wenn man bedenkt, dass oft Teillieferungen zusätzliche Aufwände für ein Scrum-Team bedeuten. Andererseits ist die Flexibilität, die damit eine Product Ownerin erlangt, als deutlich höher zu bewerten, denn nur so kann sie den idealen Wert realisieren.

»USER STORY SPLITTING«-WORKSHOP 60′ WORK-SHOP **DIE DENKWEISE VON ANFORDERUNGS-SCHNITTEN ERLERNEN**

Relevanz des Themas herstellen 5′

Das aktuelle Product Backlog ansehen: Welche User Stories darin sind zu groß, um sie in einem Sprint umzusetzen?

Einige Beispiele identifizieren.

Die Teilnehmenden fragen:

Wie könnten wir diese kleiner bekommen?

Die Story-Splitting-Muster vermitteln 15′

An einem Beispiel alle Muster durchspielen:

1. Workflow-Schritte
2. Operationen
3. Variation der Geschäftsregeln
4. Variation der Daten
5. Variation der Schnittstellen
6. Größter Aufwand
7. Simpel / Komplex
8. Performance nachlagern

User Stories teilen üben 30′

- Die **Story-Splitting-Muster austeilen** oder diese am Beamer zeigen, damit sie leicht einsehbar sind
- Die Teilnehmenden bitten, die zu Beginn identifizierten, zu großen **User Stories aufzuteilen anhand der Story-Splitting-Muster**
- **Bei Fragen unterstützen**

Die Erfahrungen auswerten 10′

- Mehrere **Beispiele** im Nachgang **gemeinsam ansehen**
  - Wie einfach war die Aufteilung?
  - Wie gehen wir mit technischen Abhängigkeiten um?
  - Welche Risiken hat welche Strategie?
- Die **Zufriedenheit** der Anwesenden mit diesem Werkzeug reflektieren

 4

Abb. 6–2 Seite 4 des Teamworkshop-Leitfadens: »User Story Splitting«-Workshop

6.2.1 Relevanz des Themas herstellen

Zu Beginn des Workshops stellen wir wieder das Format zweckorientiert vor und knüpfen am Vorwissen unserer am Workshop Teilnehmenden an: Wir selektieren einige große Product-Backlog-Einträge und nutzen diese als Ausgangspunkt für die Frage, wie wir nun daraus kleinere Elemente erstellen können. Bei dieser Frage können wir vorhandenes Wissen anzapfen – vielleicht kennt dein Team bereits das ein oder andere Muster.

Doch meist gibt es weitaus mehr Möglichkeiten, einen Product-Backlog-Eintrag aufzuteilen. Wir führen acht Varianten ein, an kleinere User Stories zu gelangen.

6.2.2 Die Story-Splitting-Muster vermitteln

Anhand eines von uns gewählten Beispiels gehen wir die Story-Splitting-Muster der Reihe nach durch und erläutern dabei eventuelle Rückfragen aus der Gruppe.

1. **Workflowschritte**
   Kann man die Story so aufteilen, dass Workflowbeginn und -ende zuerst und die Stories aus der Mitte des Workflows als Erweiterung umgesetzt werden?
2. **Operationen**
   Kann man die Operationen (»laden«, »speichern«) in separate User Stories aufteilen?
3. **Variation der Geschäftsregeln**
   Kann man die User Story so aufteilen, dass erst eine Teilmenge der Geschäftsregeln und später erweiterte Regeln realisiert werden?
4. **Variation der Daten**
   Kann man die User Story so aufteilen, dass erst ein Teil der Daten und später ein anderer Teil dieser Daten verarbeitet wird?
5. **Variation der Schnittstellen**
   Gibt es eine einfache Version der Schnittstelle, die zuerst erstellt werden kann?
6. **Größter Aufwand**
   Kann man erst mal nur eine User-Story-Ausprägung mit dem Hauptaufwand auswählen und weitere Ausprägungen später hinzufügen?
7. **Simpel/Komplex**
   Kann man die User Story so aufteilen, dass zuerst der einfache Kern und später Erweiterungen umgesetzt werden?
8. **Performance nachlagern**
   Kann man die User Story so aufteilen, dass erst eine rudimentär funktionierende Version umgesetzt wird und später der nicht funktionale Anteil?

Mehr Details zu diesen »Schnittmustern« findest du in der zugehörigen Mindmap.[2]

2. Abrufbar als PDF-Dokument unter *https://www.agilegrowth.de/story-splitting*.

6.2.3 User Stories teilen üben

Besser als unsere Frontalbeschallung ist dabei wieder das konkrete Üben. Sobald die Muster grundlegend bekannt sind, schicken wir unsere Teilnehmenden in die konkrete Anwendung. Jetzt geht es darum, einige echte Product-Backlog-Einträge in kleinere Varianten zu zerlegen. Unser Product-Backlog-»Eisberg« wird also stückweise zerlegt.

Dabei begleiten wir bei Rückfragen die aufkommenden Diskussionen und regen – falls fachlich möglich – zu neuen Varianten an.

6.2.4 Die Erfahrungen auswerten

Eine der größten Herausforderungen bei der Zerlegung von User Stories besteht darin, wie ein Produktmanager oder auch ein Nutzer zu denken. Als Entwickler schwingt in der Regel die Angst mit, durch kleinere Ausprägungen von Funktionalitäten Mehrarbeit und Instabilität in technischen Systemen zu erzeugen.

Beide Punkte sind durchaus berechtigt und unterliegen in Scrum einfach der Notwendigkeit, dass wir lieber Funktionen nur so weit einbauen, wie ein Anwender sie wirklich brauchen wird, statt Features zu entwerfen, die selten bis nie gebraucht werden und trotzdem gewartet und von neu hinzukommenden Entwicklerinnen verstanden werden müssen.

»Keep it simple, stupid« (Halte es so einfach wie möglich) und »You ain't gonna need it« (du brauchst es nicht) sind hier seit [Hunt & Thomas 2003] die prägenden Entwurfskonzepte.

Sobald diese Diskussion durch die Reflexion der Erfahrungen geführt wurde, können wir das Konzept getrost in den Werkzeugkasten unseres Teams durch die abschließende Frage, wie zufrieden die Menschen mit dieser Vorgehensweise sind, überführen.

6.3 Der »Definition of Done«-Workshop

Ohne Einigung darüber, was fertig bedeutet, endet unser Team im Frust: »Ich dachte, das wäre da längst drin.« Oder: »Das hätte ich bei einem professionellen Arbeitsethos selbstverständlich auch erwartet.«

Wer diese Sätze vermeiden will, der darf seinem Team eine Definition der Bedeutung des Begriffs »fertig« zukommen lassen. Um diese Definition of Done zu erstellen, haben wir ein Workshopformat erschaffen, das hilfreiche Erweiterungen zum recht vage formulierten Konzept im Scrum Guide beinhaltet und schon vielen Teams einen Mehrwert gebracht hat.

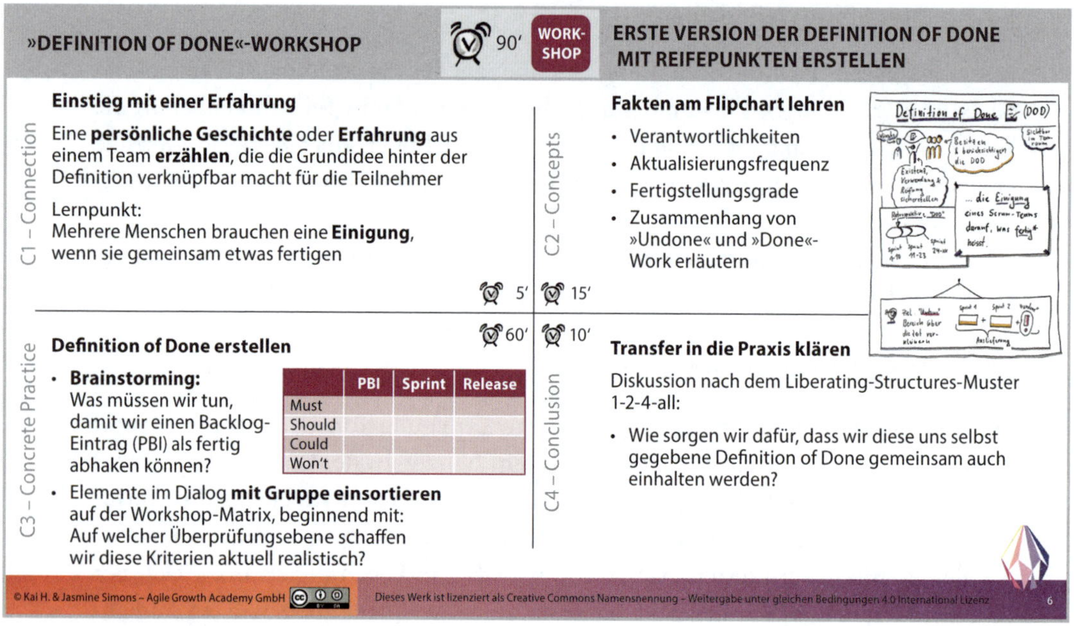

»DEFINITION OF DONE«-WORKSHOP — 90′ — WORKSHOP — ERSTE VERSION DER DEFINITION OF DONE MIT REIFEPUNKTEN ERSTELLEN

C1 – Connection

Einstieg mit einer Erfahrung

Eine **persönliche Geschichte** oder **Erfahrung** aus einem Team **erzählen**, die die Grundidee hinter der Definition verknüpfbar macht für die Teilnehmer

Lernpunkt:
Mehrere Menschen brauchen eine **Einigung**, wenn sie gemeinsam etwas fertigen

5′

C2 – Concepts

Fakten am Flipchart lehren

- Verantwortlichkeiten
- Aktualisierungsfrequenz
- Fertigstellungsgrade
- Zusammenhang von »Undone« und »Done«-Work erläutern

15′

C3 – Concrete Practice

60′

Definition of Done erstellen

- **Brainstorming:** Was müssen wir tun, damit wir einen Backlog-Eintrag (PBI) als fertig abhaken können?

	PBI	Sprint	Release
Must			
Should			
Could			
Won't			

- Elemente im Dialog **mit Gruppe einsortieren** auf der Workshop-Matrix, beginnend mit: Auf welcher Überprüfungsebene schaffen wir diese Kriterien aktuell realistisch?

C4 – Conclusion

10′

Transfer in die Praxis klären

Diskussion nach dem Liberating-Structures-Muster 1-2-4-all:

- Wie sorgen wir dafür, dass wir diese uns selbst gegebene Definition of Done gemeinsam auch einhalten werden?

 6

Abb. 6–3 Seite 6 des Trainerworkshop-Leitfadens: »Definition of Done«-Workshop

6.3.1 Einstieg mit einer Erfahrung

Wir nutzen hier denselben Einstieg wie im Seminarkonzept, das wir früher im Buch schon beschrieben haben. Eine persönliche Geschichte mit entsprechendem Lernpunkt bietet hier eine Fläche zur Anknüpfung für deine am Workshop Teilnehmenden.

6.3.2 Fakten am Flipchart lehren

Dasselbe gilt auch für die konzeptionellen Inhalte: Wir vermitteln eine kurze Auffrischung des Themas, wie im zweitägigen Kurskonzept beschrieben.

6.3.3 Definition of Done erstellen

Hier spielt die eigentliche Musik dieses Workshops. Nachdem die Motivation und das Konzept verstanden worden sind, brainstormen wir mit unserem Team alle Kriterien, die für uns zu einem fertigen Produktinkrement dazugehören.

Aus unserer Erfahrung erhältst du bei diesem Brainstorming meist keinen realistisch umsetzbaren Katalog von funktionalen und nicht funktionalen Anforderungen an die Qualität deines Produkts. Das große Wunschkonzert beinhaltet hier in der Regel deutlich mehr Aspekte, als dein Team in der Praxis tatsächlich berücksichtigt. Auch herrscht hier üblicherweise kein Konsens über die reellen Praktiken, die zu guter Produkt- oder Softwareentwicklung dazugehören.

Mit der Entscheidung darüber, was für dein Team Qualität bedeutet, wird also eine anspruchsvolle Diskussion eingeleitet, die sich mit Glück ohne Folgetermin in diesem Workshop abhaken lässt.

Um diese Diskussion zu vereinfachen, nutzen wir gerne zwei Dimensionen einer Matrix, um entstandene Einträge zu kategorisieren.

Je nach Überprüfungszeitpunkt kategorisieren wir den Aspekt entsprechend:

1. **Product-Backlog-Eintrag** (Product Backlog Item – PBI)
   Immer, wenn ein Product-Backlog-Eintrag auf dem Sprint Backlog in die Spalte »Fertig« übernommen werden soll, prüfen wir dieses Kriterium der Definition of Done.

2. **Sprint**
   Immer, wenn ein Sprint endet, prüfen wir dieses Kriterium der Definition of Done.

3. **Release**
   Immer, wenn eine Auslieferung das Ziel dieses Sprints ist, prüfen wir dieses Kriterium der Definition of Done.

Natürlich streben wir in Scrum an, möglichst alle Kriterien aus den Kategorien »Sprint« und »Release« so weiterzuentwickeln, dass wir sie mit jedem Product-Backlog-Eintrag abhaken können. Da hier aber durchaus große bis langwierige Investitionen notwendig sind, um zum Beispiel eine *Daily Deployment Pipeline* [Beck 2004], also eine tägliche Auslieferung unserer neuen Funktionalitäten bis zum Anwender, aufzubauen, hilft es, die Realität hier so abzubilden, wie sie derzeit gelebt wird.

Darauf folgt eine Diskussion mit den Teammitgliedern, welche Einträge nun tatsächlich für sie selbst als »heilig« gelten und was Wachstumspotenziale für die kommenden Monate und Jahre sein sollen. Einträge, die das Team in der Kategorie »Must« verordnet, sind dementsprechend verpflichtend in der Umsetzung, andere Kriterien gelten entsprechend nicht.

Die weiteren Kategorien von »Should«, »Could« und »Won't« dienen dabei nur noch zur weiteren Klassifizierung der Entwicklungswünsche des Teams. Dinge, die in »Should« untergebracht sind, benötigen oft noch neue Praktiken oder andere Arten von Zulieferungen seitens der Organisation. Beides sind Investitionen, die geplant und angestoßen werden wollen. Diese Spalte hilft dabei, diese Investitionswünsche zu formulieren.

Alles, was in »Could« landet, wird nach unserer Erfahrung vermutlich nicht umgesetzt werden. Nur sehr »hungrige« Teams greifen nach diesen Entwicklungspotenzialen nach längerer Zeit. Oft geht es hier aber nur darum, dass der Aspekt einer Entwicklerin einmal diskutiert worden ist, um ihn dann hier als mögliches Potenzial abzulegen.

Aspekte der Definition of Done, die in der Spalte »Won't« landen, beschreiben die aktive Entscheidung des Scrum-Teams, dass diese Qualitätskriterien nicht angelegt werden. Die Fähigkeit, ein klares Nein zu Punkten zu finden, erleichtert und hilft beim Fokus auf alles, was tatsächlich unabdingbar wichtig ist.

Als Agile Coaches moderieren wir diese Dialoge entsprechend, um in allen Beiträgen einen echten Konsens zu finden.

6.3.4 Transfer in die Praxis klären

Wer ist der Erste, der diese Definition of Done mit Füßen tritt? Wir Menschen sind nicht immer sehr gut darin, Vereinbarungen um jeden Preis einzuhalten. Doch eine Einigung ohne ein Team, das sich für diese sich selbst gegebene Vereinbarung einsetzt, kommt nicht weit.

Zum Abschluss thematisieren wir die Verletzlichkeit dieses sozialen Kontrakts und suchen mithilfe des Liberating-Structures-Formats *1-2-4-all* [Lipmanowicz & McCandless 2016] gemeinsam mit allen Teilnehmenden nach Dingen, die wir tun können, damit diese Einigung in der harten Praxis Bestand hat.

6.4 Der initiale Schätz-Workshop

Viele agil arbeitende Teams nutzen als Erweiterung zum Scrum-Rahmenwerk das sogenannte »Planungspoker«. Diese durch den amerikanischen Berater Mike Cohn [Cohn 2005] bekannt gemachte Form der Zusammenarbeit setzt darauf, Produktentwickler **auf eine spielerische Art und Weise in einen Dialog über die Merkmale von Anforderungen zu bringen.**

6.4.1 Relative Schätzungen veranschaulichen

Viele gewohnte Schätzverfahren und Aussagen über Zeitdauern beinhalten absolute Werte in der Produktentwicklung: Personentage, Ideale Tage, Stundenschätzungen. Scrum schreibt nicht vor, wie ein Team genau zu schätzen hat, nur, dass ein Product Backlog hinsichtlich Größe und Reihenfolge eine klare Aussage bietet.

Doch ein System aus relativen Schätzungen hat gewisse Vorteile, die unsere Teilnehmenden im Idealfall selbst entdecken und spüren können, wenn wir sie mit einer beispielhaften Aufgabe konfrontieren.

Wir bitten sie dabei, ohne die Nutzung jeglicher Hilfsmittel die Flächen verschiedener Länder in Quadratkilometern zu schätzen. Dazu teilen wir alle Teilnehmenden in zwei Gruppen auf:

Die erste Kleingruppe schätzt die Flächen in absoluten Zahlen. Als Ausgangsbasis erhalten sie die absolute Größe von Deutschland mit ca. 357.000 Quadratkilometern.

Die andere Kleingruppe hat denselben Auftrag, muss dabei allerdings relativ schätzen. Hierzu erhält sie nur die Information, dass Deutschland den Wert »vier« besitzt und alle anderen Länder in Relation dazu eingeschätzt werden sollen. Ein ca. doppelt so großes Land hätte entsprechend dann den Wert »acht«.

Nachdem die Teams fertig sind, vergleicht man die Ergebnisse mit der Lösung. In unserer Beobachtung gewinnt fast ausschließlich das Team, das relativ schätzt. Wieso? Relationen einzuschätzen fällt Menschen einfach leichter, als absolute Schätzungen vorzunehmen.

6.4.2 Relative Schätzungen veranschaulichen

Mit dieser zentralen Erkenntnis beginnend, können wir nun tiefer in die Vorgehensweise und die Details einer Planungspoker-Session gehen. Wir wählen zuerst eine passende Referenz aus unserem Product Backlog, wobei wir ein kleines Element bevorzugen, das allerdings nicht das kleinste im gesamten Backlog sein sollte. Diesem Element geben wir dann den Schätzwert »drei«.

Von hier ausgehend erläutern wir die modifizierte Fibonacci-Zahlenfolge als Grundlage für die weitere Schätzung und führen den üblicherweise benutzten Begriff der »Story Points« als Einheit dieser Zahlenreihe ein.

Darauffolgend wählen wir einen beliebigen, bisher ungeschätzten Product-Backlog-Eintrag und beginnen mit ihm eine Planungspoker-Runde[3].

Nach zwei bis drei Einträgen, die wir nutzen, um übliche Fragen zum Ablauf und zur Bedeutung der Karten zu klären, können wir die Dynamik stärker in die Hände der Teilnehmenden legen.

3. Wenn du mehr zum Ablauf von Planungspoker erfahren möchtest, findest du weitere Details unter *agilegrowth.de/planungspoker*.

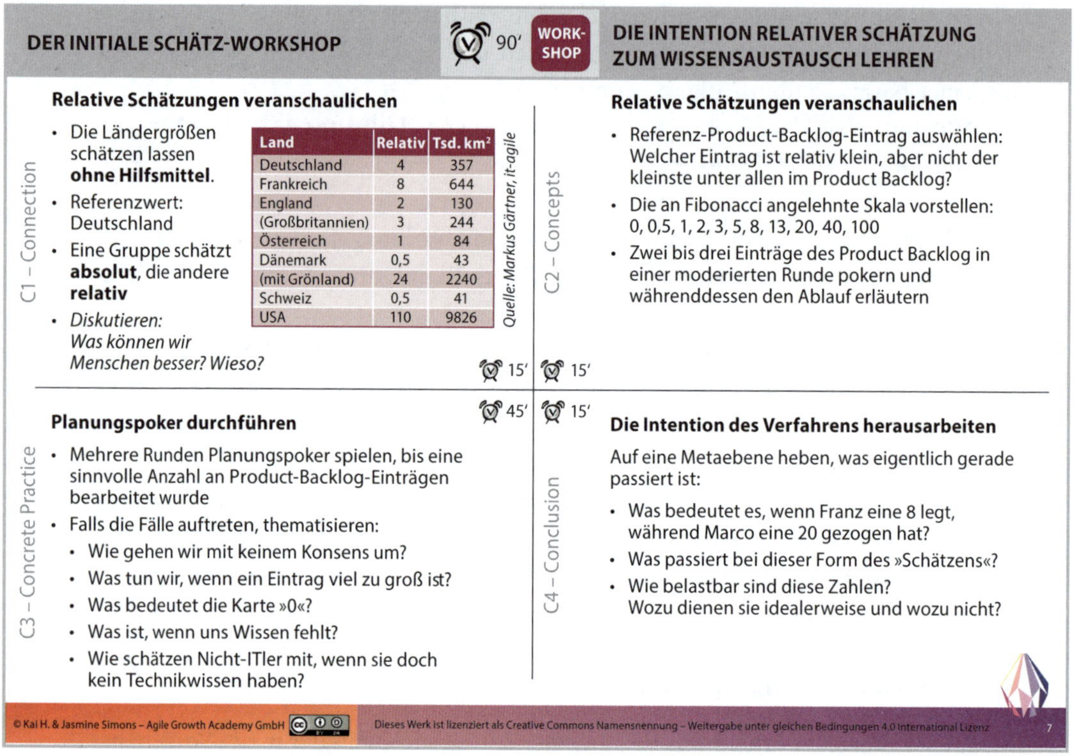

DER INITIALE SCHÄTZ-WORKSHOP — 90′ — WORKSHOP — DIE INTENTION RELATIVER SCHÄTZUNG ZUM WISSENSAUSTAUSCH LEHREN

C1 – Connection

Relative Schätzungen veranschaulichen

- Die Ländergrößen schätzen lassen **ohne Hilfsmittel**.
- Referenzwert: Deutschland
- Eine Gruppe schätzt **absolut**, die andere **relativ**
- *Diskutieren: Was können wir Menschen besser? Wieso?*

Land	Relativ	Tsd. km^2
Deutschland	4	357
Frankreich	8	644
England	2	130
(Großbritannien)	3	244
Österreich	1	84
Dänemark	0,5	43
(mit Grönland)	24	2240
Schweiz	0,5	41
USA	110	9826

Quelle: Markus Gärtner, it-agile

15′

C2 – Concepts

Relative Schätzungen veranschaulichen

- Referenz-Product-Backlog-Eintrag auswählen: Welcher Eintrag ist relativ klein, aber nicht der kleinste unter allen im Product Backlog?
- Die an Fibonacci angelehnte Skala vorstellen: 0, 0,5, 1, 2, 3, 5, 8, 13, 20, 40, 100
- Zwei bis drei Einträge des Product Backlog in einer moderierten Runde pokern und währenddessen den Ablauf erläutern

15′

C3 – Concrete Practice

45′

Planungspoker durchführen

- Mehrere Runden Planungspoker spielen, bis eine sinnvolle Anzahl an Product-Backlog-Einträgen bearbeitet wurde
- Falls die Fälle auftreten, thematisieren:
  - Wie gehen wir mit keinem Konsens um?
  - Was tun wir, wenn ein Eintrag viel zu groß ist?
  - Was bedeutet die Karte »0«?
  - Was ist, wenn uns Wissen fehlt?
  - Wie schätzen Nicht-ITler mit, wenn sie doch kein Technikwissen haben?

C4 – Conclusion

15′

Die Intention des Verfahrens herausarbeiten

Auf eine Metaebene heben, was eigentlich gerade passiert ist:

- Was bedeutet es, wenn Franz eine 8 legt, während Marco eine 20 gezogen hat?
- Was passiert bei dieser Form des »Schätzens«?
- Wie belastbar sind diese Zahlen? Wozu dienen sie idealerweise und wozu nicht?

 7

Abb. 6–4 Seite 7 des Trainerworkshop-Leitfadens: Der initiale Schätz-Workshop

6.4.3 Planungspoker durchführen

In einer gut 45-minütigen Timebox arbeiten wir uns durch so viele Product-Backlog-Einträge, wie wir in dieser Zeitscheibe schaffen. Dabei notiert sich das Team entstandene Schätzwerte, wichtige Erkenntnisse und Themen, die der Klärung mit anderen bedürfen.

Je nach Konstellation klären wir weitere prozessbasierte Fragen.

6.4.4 Die Intention des Verfahrens herausarbeiten

Zum Abschluss heben wir die Erfahrungen nochmals auf die Metaebene, um Intention und Ergebnis des gerade Erlebten zu reflektieren.

Uns ist wichtig, dass der Wert dieses Schätzverfahrens auf den Gesprächen zwischen Produktentwicklern beruht. Als Nebenprodukt entstehen dabei sicherlich auch Zahlenwerte, die in der ein oder anderen Form Aussagen und Antworten bieten. Wie konkret dabei eine Firmenkultur mit Schätzwerten umgeht und welche politischen Konsequenzen diese beinhalten, beeinflusst dabei den weiteren Umgang mit diesen Einschätzungen.

7 Überzeugende Konzepte selbst entwerfen

Mittelfristig wirst du vielleicht auch selbst Konzepte und Übungen für deine Seminare und Workshops entwickeln wollen. Häufig genug gibt es als Agile Coach oder Scrum Master Situationen, die es uns ermöglichen, diese als Anlass zur Erstellung einer Workshopintervention zu nutzen.

In diesem Kapitel fokussieren wir darauf, welche Überlegungen dabei hilfreich sind, und zeigen an einem Beispiel, wie ein Kreativprozess aussehen kann, um eigene Module zu entwerfen.

7.1 Vom Funken der Inspiration entfacht

Einer meiner Kunden hatte nicht die richtigen Rahmenbedingungen, um Scrum einzusetzen. Er wünschte sich einen tieferen Einblick in IT-Kanban[1], nachdem wir dieses kurz vorher umrissen hatten. Ich setzte mich an die Konzeption eines Trainingskonzepts und begann mit einem leeren 4C-Plan, einem Flipchart und einem Stapel Haftnotizzettel. Ich schrieb alles stichwortartig auf, was ich bisher zu IT-Kanban wusste. Nach einer Weile quoll das Flipchart langsam über. Ich nutzte ein Stück der danebenstehenden Wandtafel, um mehr Platz zu haben. Gut, Ideen waren schon mal da, aber wie sollte daraus ein roter Faden werden?

Die erste Idee ist meist schnell da. Ein Konzept, ein grobes Thema, eine angestrebte Intention. Sowohl ein roter Faden als auch konkrete Lernziele sind zu diesem Zeitpunkt häufig völlig unklar.

1. Wir sprechen in diesem Buch ausschließlich über Scrum. Grundlegend kann man viele Aspekte unserer hier beschriebenen Haltung auch für die Vermittlung anderer agiler Vorgehensweisen nutzen. Mit den entsprechenden Simulationen und einer Anwendung im Team selbst wird auch ein Rahmenwerk wie IT-Kanban erlebbar erklärt.

Wir halten den kreativen Raum an dieser Stelle bewusst weit offen, um in einem Brainstorming so viele Ideen, Konzepte, Metaphern und Anknüpfungspunkte wie möglich aus der Gruppe heraus zu sammeln. Aus diesem Fundus können wir an späterer Stelle schöpfen und auswählen, was wann und ob überhaupt etwas in ein Konzept eingeht. Sowohl die klassisch physikalische Variante der Klebezettel funktioniert dabei für uns wie auch ein Mindmapping-Werkzeug, das die ersten Gedanken dazu auffängt.

7.2 Sortieren, Auswählen, Verdichten

Aus dem gesammelten Wust aller Ideen schneiden wir nun inhaltliche Themenblöcke heraus, die in sich eine Kohärenz ausstrahlen und ungefähr in Zeitscheiben von 30 bis 90 Minuten passen könnten.

Als Kerngerüst nutzen wir dazu gerne einen leeren »4C-Plan«, der uns mit den entsprechenden Fragen konfrontiert:

1. Wie baue ich eine Verbindung für die Lernenden zum Thema auf? An welche Vorerfahrungen oder anderen Konzepte knüpfen wir an? Wie bauen wir spürbare Relevanz auf?
2. Was genau ist es, das wir inhaltlich weitergeben wollen? Was sind die Lernziele dahinter?
3. Durch welches konkrete Tun kann das zu Lernende selbst erfahren und entdeckt werden?
4. Was hilft, das Verstandene zu integrieren, es abzurunden und in andere Kontexte zu transferieren und Varianten zu erkennen?

Nach diesem Schema sortieren wir erst die Klebezettel. Sind wir damit einigermaßen glücklich, füllen wir einen leeren 4C-Plan erst mal handschriftlich aus.

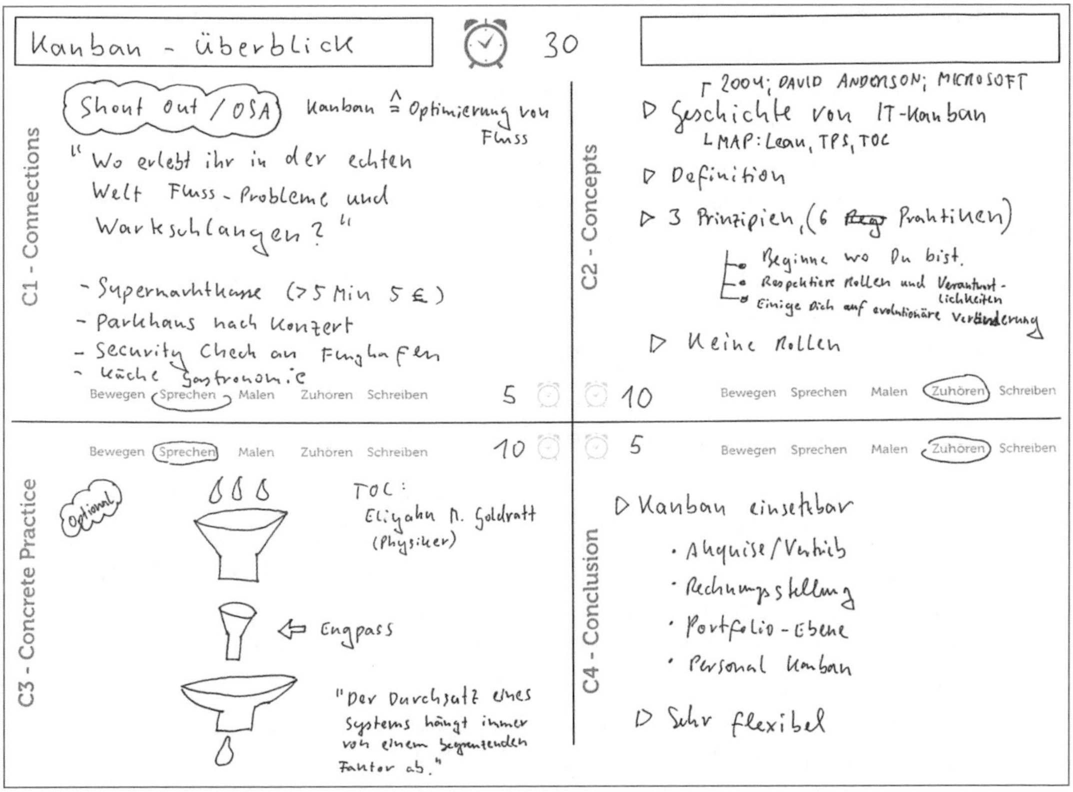

Abb. 7–1 Dieser halbstündige Überblick vermittelt eine erste Orientierung zu IT-Kanban mit einem 4C-Plan, um die Teilnehmer stark zu aktivieren.

Bei genauerer Betrachtung magst du feststellen, dass der dritte Quadrant zwar eine Diskussion eines Konzepts in Kleingruppen beinhaltet, jedoch noch etwas zu wenig Interaktivität zum Verständnis des Grundkonzepts bietet. Um dieses Problem zu beheben, stellen wir dieses Modul in das Licht eines Praxistests.

7.3 Der Praxistest eines Lernmoduls

Als Testfläche für völlig neue Formate empfehlen wir gerne, die lokale Agile Community[2] in der nächsten Großstadt deiner Wahl zu bemühen. Veranstalter freuen sich oft über ehrenamtliche Beiträge, während ein Scheitern in Würde dort oft auch weniger schlimm ist als bei deinen Kunden. Meist erhält man dort gerade nach

2. Wir nutzen dazu gerne den Agile Monday Rhein-Neckar, den wir seit 2012 mit anderen agilen Enthusiasten in Mannheim aufgebaut haben.

fehlgeschlagenen Versuchen wichtiges Feedback und emotionale Unterstützung, um entscheidende Verbesserungen abzuleiten.

So haben wir obiges Konzept getestet und zeitgleich als Optimierung des dritten Quadranten mit den Teilnehmern eines Mannheimer Agile Monday das *Kanban-Pizza-Game*[3] als Simulation eingefügt.

Im Seminar selbst sind die Fragen deiner Teilnehmerinnen der beste Indikator dafür, wie gut dein Konzept bereits funktioniert. Wir bewerten anhand der Qualität der gestellten Fragen nach einer Simulation gerne, welche Erkenntnisse eine Übung gebracht hat. Wenn man diese Rückmeldungen systematisch auswertet, erschafft man Simulationen, die Lernwert liefern und im Gedächtnis bleiben.

7.4 Eigene Simulationen entwerfen

Der Aufwand, eine gut funktionierende Simulation zu entwickeln, die bestimmte Lernziele realisiert, aber auch genügend Spaß macht und das richtige Maß an Anspruch an eine Teilnehmergruppe stellt, ist nicht zu unterschätzen. Dankenswerterweise haben sich in der Agile Community mehrere freigiebige Netzwerke aus innovativen Menschen herauskristallisiert, die gerne diese Arbeit investieren. Der Fundus der existierenden Simulationen ist immens.

Wer dennoch gerne selbst Simulationen entwickeln möchte, der findet empfehlenswerte Anregungen bei Jesse Schell [Schell 2020].

Für völlig überzeugte Simulationsentwickler bietet sich darüber hinaus die *Play4Agile*[4]-Konferenz in der Nähe von Aschaffenburg an, auf der wir, Jasmine und Kai, uns kennengelernt haben. Neben der offensichtlichen Möglichkeit zum erfolgreichen Flirten treffen sich dort viele Agilisten, um neue Spielideen in einem sicheren Rahmen zu testen und Simulationen auszuarbeiten.

Die wohl umfangreichste Sammlung solcher Ideen findet sich wie bereits erwähnt auf der Webseite *TastyCupcakes.org* und auch unser Gastautor Marc Bleß war hier gemeinsam mit Dennis Wagner erfolgreich in der Zusammenstellung entsprechender Simulationen [Bleß & Wagner 2020].

3. Diese kostenfreie IT-Kanban-Simulation, die Trainerkollege Ralf Kruse entwickelt hat, findest du unter *agile42.com/en/agile-teams/kanban-pizza-game/* bzw. *agilegrowth.de/kanban-pizza*.
4. Mehr unter *agilegrowth.de/play4agile*.

A Nachwort

A.1 Eine gemeinsame Reise

In diesem Buch haben wir auf eine Facette eines Agile Coaches besonderen Fokus gelegt: den Trainer oder die Trainerin. Diese Haltung ist sehr wirksam – und doch nur ein Teil der Gleichung zeitgemäßer Führung.

In unserem *Agile Impact Code* getauften Modell haben wir aus den vielen Jahren Erfahrung in der Arbeit mit Agilität die Bereiche abgeleitet, in denen sich ein wirksamer Agile Coach und Scrum Master entwickeln darf.[1]

Abb. A–1 Vom Kern zur Außenwirkung – Unser »Agile Impact Code«-Modell zeigt die Entwicklungsbereiche eines Agile Coaches auf.

1. Mehr zu dem Modell findest du unter *agilegrowth.de/impact-code*. Eine noch differenziertere, erweiterte Betrachtung liefert hier auch das *Agile Competency Framework* [Adkins 2010]. Für die praktische Arbeit mögen wir unser kondensiertes Modell allerdings etwas lieber, da es die Arbeit im Kern sowie die Wirkungshebel der Multiplikation betont, die für uns stark mit der Entwicklung der eigenen Persönlichkeit verknüpft sind.

Wir streiften in den vielen Seiten dieses Buches immer wieder den Kern, zerlegten Stück für Stück den Aspekt des **Trainings** und kratzten inhaltlich ein Stückchen an der inhärenten **Multiplikationswirkung**, dem Hebel, den man durch Seminare erhält.

Alle Aspekte zu beleuchten, würden den Rahmen dieses Buches sprengen und auch dem Scrum-Wert »Fokus« nicht gerecht werden.

Und doch sind alle Aspekte wichtig. In unserem *Agile Growth Podcast*[2] und den wöchentlichen Live-Interviews im *#AgileGrowthCast*[3] vertiefen wir die Facetten außerhalb der Trainerrolle intensiver.

Viel Spaß, Inspiration und gute Erkenntnisse beim Reinhören und Anschauen dieser vertiefenden Lernangebote.

A.2 Über Agile Growth®

Als wir – Jasmine und Kai – uns auf der Play4Agile-Konferenz vor vielen Jahren begegneten, wurde uns nur wenig später klar, dass uns nicht nur unsere Liebe verband, sondern auch unsere Leidenschaft: Wir lieben es, Menschen in ihrem Wachstum zu begleiten.

Wir haben in unserer Arbeit viel darüber gelernt, was es heißt, in einer Welt der Komplexität zu führen. **Wer Agile Leadership ernst nimmt, darf sich dem Anspruch stellen, eine nachhaltige Wirkung im Herzen der Menschen und in Systemen der Firmen zu hinterlassen.**

Seien wir ehrlich: An vielen Stellen sind wir von einer gelungenen Arbeitswelt noch meilenweit entfernt.

Mit unserer *Agile Growth Academy* begleiten wir Menschen, **die eine Sehnsucht danach spüren, authentische Agilität zu leben.** Gern begleiten wir auch dich – egal, ob du Einsteiger oder Experte bist. Unsere Arbeitswelt lechzt nach dieser diffizilen Vereinigung von Menschlichkeit und Produktivität. Mit uns kannst du zum Botschafter dessen werden, wovon Menschen vor 20 Jahren im Agilen Manifest träumten. Entfessle deine agile Führungskompetenz gemeinsam mit uns, damit auch du mit Stolz im Rückblick sagen kannst: Die Versprechen agiler Vorgehensweisen wurden in der Praxis eingelöst.

Wir freuen uns auf dich auf *agilegrowth.de*!

2. Siehe *agilegrowth.de/podcast* und auf allen gängigen Podcast-Plattformen.
3. Siehe *agilegrowth.de/agilegrowthcast* und auf unserem Youtube-Kanal.

Mit den besten Grüßen aus Mannheim, *Jasmine Simons-Zahno* und *Kai H. Simons*

B Danksagung

Visionsarbeit ist eine wichtige und konstante Praktik in Kais und meinem (Jasmine) Leben. Seit wir in unserem jetzigen Zuhause wohnen, haben wir ein festes Visionsboard an unserer Schlafzimmertür hängen. Eine unendlich lange Zeit hätte ich nicht gedacht, dass einmal ein eigenes Buch auf dieser Wand stehen würde.

Ich – Jasmine – die Legasthenikerin, die ihre Deutschzensuren nur mit mündlichen Beiträgen auf ein »genügend« gebracht hat, ich mit dem festen inneren Glaubenssatz, viel besser in der Interaktion als mit dem geschriebenen Wort zu sein, sollte ein Buch schreiben?

Und tatsächlich lag mein Beitrag zu diesem Werk weniger im Schreiben als vielmehr darin, in den Gesprächen – oft beim Spazierengehen – Impulse zu geben und Beiträge zu diktieren. Ein Hoch auf die moderne Technik! Und so gilt auch mein erster Dank meinem Co-Autor und Mann Kai: Vielen Dank für das »mich Sehen« und an meine Stärken glauben, vielen Dank für das Zu-mir-Halten, wenn meine Zweifel groß waren, Danke für deine unermüdliche Disziplin, deinen Humor und deinen tollen Schreibstil. Ohne dich wäre dieses Buch nie entstanden.

Ein großer Dank gebührt auch meinem ehemaligen Deutschlehrer Claude Pauchard für die Mühe, immer zwei Notenschlüssel zu pflegen – den für die Klasse und den nur für mich. Er hat mir das Vertrauen ins Lernen und ins stetige Wachsen gegeben – auch wenn die Ausgangschancen vernichtend sind, kann dennoch so etwas wie ein eigenes Buch entstehen.

Es gibt noch so viele Menschen, denen mein Dank gebührt, und ich bin mir sicher, dass ich jetzt zu diesem Moment einige vergessen werde oder vielleicht auch deren Namen gar nicht kenne. Sei es im Trainingsraum oder auf Konferenzen, vielen Dank an all die Menschen, denen ich begegnen durfte, denen ich als Trainerin dienen durfte und mit denen ich gemeinsam lernen durfte. Ich nehme aus jeder einzelnen Begegnung wichtige Lernerfahrungen mit, Inspiration aus all diesen Gesprächen und auch Mut, dass wir gemeinsam eine bessere Arbeitswelt gestalten. Danke dafür.

Ein großer Dank gebührt David Schmithüsen. Ohne ihn hätte ich mein berufliches Zuhause in der Agilität und in Scrum als Rahmenwerk nicht gefunden. Danke, dass du an mich und an meine Fähigkeiten geglaubt hast – selbst an solche, die ich selbst noch nicht sehen konnte. Von Holger Koschek durfte ich lernen, dass Scrum und Agilität eine große Werkzeugkiste sind, die einfach Sinn ergibt und – mit Herz und Verstand eingesetzt – auch Leichtigkeit bedeutet. Ein großer Dank geht auch an Marco Delmes und Lars Wolter: Danke, dass ihr mir die Chance gegeben habt, als Scrum Master zu wirken, in einem geschützten Umfeld zu lernen und zu wachsen. Wenn ich mir einen Vorgesetzten wünschen könnte, dann immer wieder Menschen mit eurer Qualität.

Auf meinem Weg zum Certified Scrum Trainer unterstützen mich derzeit viele Trainer. Ich bin sehr dankbar, dass ihr euren Trainingsraum und auch euer Wissen mit mir teilt. Ich lerne in jedem einzelnen Training mehr über mich, über Scrum und über das Trainieren an sich. Vielen Dank an Sabine Canditt: Als die einzige weibliche Scrum-Trainerin im deutschsprachigen Raum bist du mir ein großes Vorbild. Ich konnte viel von deiner Strukturiertheit im Vorfeld des Trainings wie auch von deiner Gelassenheit im Training selbst lernen.

Danke an Sohrab Salimi für die vielen inspirierenden Gespräche wie auch das Bild, dass Storylines eines Trainers wie die eines Stand-up-Comedian trainiert werden können. Ich durfte mit dir Trainings auf höchstem Niveau mitgestalten und habe gelernt, was hundertprozentiges Ausrichten auf den Kunden im Seminarraum heißt.

Vielen Dank an Michael Hofmann. Uns verbindet nicht nur unsere gemeinsame Leidenschaft der Organisationspsychologie, durch dich durfte ich lernen, wie wichtig und wirkungsvoll durchdachtes und explizites Feedback ist. Vielen Dank an Andreas »Andy« Schliep. Jedes Training mit dir ist eine kleine Reise ins Unbekannte, dein Wissensschatz scheint unendlich groß und du hast mich Vertrauen in mich selbst gelehrt – danke. Auch Björn Anderson gilt mein ganz besonderer Dank für sein sehr frühes Vertrauen in mich. Bei dir durfte ich lernen, dass ich als Trainerin auch für mich selbst sorgen darf.

Danke an Sascha Geßler, du hast mich unter anderem gelehrt, dass ein Training nicht nur eine Lernreise für eine Teilnehmergruppe, sondern auch für jeden einzelnen Teilnehmer bedeutet. Und dass Scrum eine sehr natürliche Arbeitsform ist, die einfach entsteht, wenn man der Gruppe genügend vertraut.

Danke an Björn Jensen, neben dem Co-Trainieren mit dir durfte ich in der Zusammenarbeit mit dir einige innere Glaubenssätze hinterfragen, das ist ein großes Geschenk. Auch ein riesiger Dank gebührt meinem Co-Speaker und Mentor Joseph Pelrine. Mit dir die Bühne zu teilen, ist mir jedes Mal eine große Ehre und unsere Zusammenarbeit lässt mich stets weiterwachsen.

Dass ich auch als Frau einen Platz in der IT-Welt habe, habe ich unter anderem von Gerburg Lugo gelernt. Gerburg, du inspirierst mich nicht nur als Leiterin der Softwareentwicklung, du hast mich auch gelehrt, Dinge im Kontext einzuordnen und immer wieder das große Ganze zu sehen.

Für viele inspirierende Gespräche, für jederzeit ein offenes Ohr und für bewegende Begegnungen bin ich dir, Natalie, unglaublich dankbar.

Nicht zuletzt bin ich meiner Familie in Dank verbunden. Meine Eltern haben stets an mich geglaubt – jetzt als Mutter kann ich nur erahnen, wie schwierig das in manchen Situationen gewesen ist.

Danke Papi, dass du mir beigebracht hast, dass Arbeit vor allem Leidenschaft bedeutet und Spaß machen darf. Danke Mami, dass du an meine Fähigkeiten geglaubt hast, mit Menschen zu arbeiten, und mir die Freiheit gelassen hast, meinen Weg zu finden. Danke auch an meine Schwester Anne-Dominique für ihre bedingungslose Liebe und nah sein in der Ferne. Unsere zwei Töchter Mira und Aliya erinnern mich jeden Tag daran, die beste Version meiner selbst zu sein und vor allem im Moment zu leben.

Meine besondere Wertschätzung möchte ich, Kai, an Ernst Tewis, Martin Seiwert und Peter Reifferscheidt gerichtet aussprechen für den frühen Glauben an meine Fähigkeiten in puncto Informatik. Als erste unternehmerische Vorbilder inspirierten Kurt Pidun, Dr. Christian Locher, Ingo Schäfer und Hans-Ulrich Wegener meinen Weg. Als Trainer und Coach lebte Hans-Jürgen Walter in vielen Sessions vor, was echte Persönlichkeitsentwicklung bedeutet.

Roman Pichler inspirierte mich 2007 in seinem Certified Scrum Master®-Seminar, dem Scrum-Rahmenwerk eine faire Chance zu geben. Ohne Peter »Pit« Beck und Andreas »Andy« Schlieps Glauben an meine Fähigkeiten als zeitweiligen Mitinhaber von DasScrumTeam und ihr unermüdliches Investment in ein gemeinsames Lernen wäre ich nicht zu dem Agilisten geworden, der ich heute bin. Auch viele Scrum-Alliance-Mitarbeiter und Community-Mitglieder unterstützten mich durch persönliche Führung und ideale Lernchancen – allen voran Dr. Jürgen Hoffmann, Mark Summers, Joseph Pelrine und Markus Gärtner.

Boris Gloger und Sohrab Salimi inspirierten mich dazu, meinen geschäftlichen Fokus zu vertiefen.

Als Freunde begleiten mich vor allem Christian von Olnhausen, Olaf Bublitz und mein gesamtes Mannheimer Forum der Entrepreneurs' Organization durch Höhen und Tiefen meines Lebens.

Schlussendlich ist ein Trainer ohne Teilnehmerinnen und Teilnehmer wie ein Schauspieler vor einem leeren Saal. Ohne die Marketingkenntnisse von Eugene M. Schwartz, Mike Dillard, Ryan Deiss, Jeff Walker, Donald Miller und Seth Godin hätte ich über tausend Menschen nicht brauchbar erreicht.

Ich danke meinem Bruder für die frühe gemeinsame Liebe zu allem, was Kabel hat, und meiner Schwester für die unbeschwerte Zeit des Spielens als Kinder. Zuletzt bleibt noch der Dank an meine Eltern, die mir das Fundament des Lebens gelegt haben, aus dem ich den unerschütterlichen Glauben gewonnen habe, dass ich schaffe, was ich anpacke.

Über die langen Monate der Entstehung dieses Buches hat uns der dpunkt.verlag, namentlich Christa Preisendanz mit ihrem Team, hervorragend betreut, was als Erstautoren für uns einen hohen Wert hatte.

Wir beide stehen auf den Schultern von Giganten. Als Certified Scrum Trainer und Certified Scrum Professionals haben wir nun seit über einer Dekade mit Mentoren, Material und Mindsets von Menschen gearbeitet, die Großes erreicht haben.

Ohne diese essenzielle Unterstützung auf unserem Weg wäre nichts von all dem, was wir erreichen durften, auch nur im Ansatz möglich gewesen. Daher gebührt unser tiefer Dank unseren Mentoren entlang des Wegs.

Mal waren es nur kurze Gespräche bei einer Konferenz, mal intensive langjährige Sparring-Beziehungen. Wie auch immer genau diese Interaktionen aussahen: Sie haben uns gedient – und wir können hier unmöglich alle Menschen aufzählen, die uns diese Art der Geschenke gemacht haben. Wenn du also einer von ihnen warst, so fühle dich bitte besonders angesprochen – trotz eines eventuellen Fehlens in dieser Liste. Du bist in unserem Herzen.

C Referenzen

[Adkins 2010]

Adkins, L.: Coaching agile teams: a companion for ScrumMasters, agile coaches, and project managers in transition. Pearson Education India, 2010.

[Andresen 2017]

Andresen, J.: Retrospektiven in agilen Projekten: Ablauf, Regeln und Methodenbausteine. 2. Aufl. , Hanser, 2017.

[Appelo 2011]

Appelo, J.: Management 3.0: leading Agile developers, developing Agile leaders. Pearson Education, 2011.

[Beck 2004]

Beck, K.: Extreme Programming Explained: Embrace Change. 2nd ed., Addison-Wesley, 2004.

[Bleß & Wagner 2020]

Bleß, M.; Wagner, D.: Agile Spiele. kurz & gut. O'Reilly, 2020.

[Bowman 2009]

Bowman, S. L.: Training from the back of the room! 65 ways to step aside and let them learn. Pfeiffer, San Francisco, CA, 2009. [dt. Ausgabe: Training from the Back of the Room! 65 Wege, in Trainings Raum fürs Lernen zu schaffen. dpunkt.verlag, Heidelberg, 2021]

[Brandstätter et al. 2018]

Brandstätter, V.; Schüler, J.; Puca, R. M.; Lozo, L.: Motivation und Emotion. 2. Aufl., Springer, 2018.

[Brothers 1991]

Brothers, B. J.: Virginia Satir: Foundational ideas, Vol. 2. Psychology Press, 1991.

[Cohn 2005]
Cohn, M.: Agile estimating and planning. Pearson Education, 2005.

[Colonna 2019]
Colonna, J.: Reboot: Leadership and the Art of Growing Up. HarperCollins, 2019.

[Deming 1993]
Deming, W. E.: Quote. 1993. Abgerufen von:
https://deming.org/a-bad-system-will-beat-a-good-person-every-time/.

[Derby & Larsen 2006]
Derby, E.; Larsen, D.: Agile retrospectives: Making good teams great. Pragmatic Bookshelf, 2006.

[Elrod 2016]
Elrod, H.: Miracle Morning. Die Stunde, die alles verändert. Irisiana Verlag, München, 2016.

[Greaves & Laing 2016]
Greaves, K.; Laing; S.: Growing Agile: A Coach's Guide to Training Scrum. 2016. Abgerufen von: *http://leanpub.com/TrainingScrum*.

[Hunt & Thomas 2003]
Hunt, A.; Thomas, D.: Der Pragmatische Programmierer. Hanser, 2003.

[Kahneman 2017]
Kahneman, D.: Schnelles Denken, langsames Denken. Penguin Verlag, München, 2017.

[Kerth 2013]
Kerth, N.: Project retrospectives: a handbook for team reviews. Addison-Wesley, 2013.

[Kurtz & Snowden 2003]
Kurtz, C. F.; Snowden, D. J.: The new dynamics of strategy: Sense-making in a complex and complicated world. IBM systems journal, 42 (3), 2003, S. 462–483.

[Langmaack 2001]
Langmaack, B.: Einführung in die themenzentrierte Interaktion (TZI): Leben rund ums Dreieck. Beltz, 2001.

[Langmaack 2011]
Langmaack, B.: Einführung in die themenzentrierte Interaktion (TZI). Das Leiten von Lern- und Arbeitsgruppen erklärt und praktisch angewandt. Beltz, 2011.

[Lipmanowicz & McCandless 2016]
Lipmanowicz, H.; McCandless, K.: The surprising power of liberating structures: simple rules to unleash a culture of innovation. Liberating Structures Press, 2016.

[Mamoli & Mole 2019]
Mamoli, S.; Mole, D.: Gemeinsam großartige Teams schaffen: Agile Self-Selection-Prozesse erfolgreich durchführen. Hanser, 2019.

[Marschall et al. 2019]
Marschall, J.; Hildebrandt, S.; Nolting, H.-D.: DAK Gesundheitsreport 2019. Beiträge zur Gesundheitsökonomie und Versorgungsforschung, Band 28, 2019. Abgerufen von: *https://www.dak.de/dak/download/gesundheitsreport-2099294.pdf*.

[McCarthy & McCarthy 2006]
McCarthy, B.; McCarthy, D.: Teaching around the 4MAT® cycle: Designing instruction for diverse learners with diverse learning styles. Corwin Press, 2006.

[Miller 2017]
Miller, D.: Building a StoryBrand: Clarify your message so customers will listen. HarperCollins Leadership, 2017.

[Norelli et al. 2020]
Norelli, S. K.; Long, A.; Krepps, J. M.: Relaxation Techniques. StatPearls Publishing, Treasure Island (FL), 2020.

[Owen 2011]
Owen, H.: Open Space Technology: ein Leitfaden für die Praxis. Schäffer-Poeschel, 2011.

[Pichler 2008]
Pichler, R.: Scrum – Agiles Projektmanagement erfolgreich einsetzen. dpunkt.verlag, Heidelberg, 2008.

[Pink 2013]
Pink, D. H.: To sell is human: The surprising truth about moving others. Penguin, 2013.

[Quedenbaum 2019]
Quedenbaum, M.: Das Video-Buch: Filme richtig planen, aufnehmen und schneiden für Einsteiger. dpunkt.verlag, Heidelberg, 2019.

[Rosenberg 2016]
Rosenberg, M. B.: Gewaltfreie Kommunikation: Eine Sprache des Lebens. Junfermann Verlag, 2016.

[Royce 1987]

Royce, W. W.: Managing the development of large software systems: concepts and techniques. Paper presented at the Proceedings of the 9th international conference on Software Engineering, Monterey, California, USA, 1987.

[Schäffter 1997]

Schäffter, O.: Irritation als Lernanlass. In: Krüger, H.-H.; Olbertz, J.-H. (Hrsg.): Bildung zwischen Markt und Staat. Leske + Budrich Verlag, 1997, S. 691–708.

[Schell 2020]

Schell, J.: Die Kunst des Game Designs: bessere Games konzipieren und entwickeln. BoD – Books on Demand, 2020.

[Schwaber & Beedle 2002]

Schwaber, K.; Beedle, M.: Agile software development with Scrum, Vol. 1. Prentice Hall, Upper Saddle River, 2002.

[Siegel 2012]

Siegel, D. J.: Mindsight – Die neue Wissenschaft der persönlichen Transformation. 6. Aufl., Goldmann, 2012.

[Stacey 1996]

Stacey, R. D.: Complexity and creativity in organizations. Berrett-Koehler Publishers, 1996.

[Takeuchi & Nonaka 1986]

Takeuchi, H.; Nonaka, I.: The new new product development game. Harvard business review, 64 (1), 1986, S. 137–146.

[Tan 2015]

Tan, C.-M.: Search inside yourself: Optimiere dein Leben durch Achtsamkeit. 6. Aufl., Goldmann, 2015.

[Tolle 2000]

Tolle, E.: Jetzt. Die Kraft der Gegenwart. 3. Aufl., Kamphausen, Bielefeld, 2000.

[Wolf et al. 2005]

Wolf, H.; Roock, S.; Lippert, M.: eXtreme Programming: eine Einführung mit Empfehlungen und Erfahrungen aus der Praxis. 2. Aufl., dpunkt.verlag, Heidelberg, 2005.

[Ziegler 2012]

Ziegler, E.: Das australische Schwebholz: und 199 andere Spiele für Trainer und Seminarleiter. GABAL Verlag, 2012.

Index

Anhang